# 開瓶

## 裕森的葡萄酒飲記（經典修訂版）

Drinking Pleasure

林裕森 著
Yu-sen Lin

## 與葡萄酒的初戀

這一本書的內容主要選自二〇〇一年到二〇〇六年間，我在《Bonjour Club》網站上的葡萄酒專欄，而這一篇序文則是這個專欄的第一篇文章，好像在告訴讀者，快去喝酒，不要再來讀葡萄酒文章了。二十年過去了，我仍然靠著葡萄酒寫作維生，即使讀的人不多，但我慢慢地發現這個專欄幫助我自己解開了一些葡萄酒的謎題和咒語。如果你也跟我一樣想在葡萄酒裡探尋些什麼，這本書也許可以在你找到最愛之前，給你解開葡萄酒謎語的一些提示。就像所有望子成龍的父母告誡未成年的子女不准談戀愛，我也必須轉達國稅署對各位的愛，「未滿十八歲請勿飲酒」，畢竟，與葡萄酒的初戀永遠不會來得太遲。

許多開始對葡萄酒感興趣的人最感迫切的疑問常常是：葡萄酒的種類那麼多，我到底該選那一瓶呢？

通常，問問題的人會得到一些更讓人感到疑惑的解答。

「要選八二和九〇，這兩個年分最好！」

「紅酒比較補，喝不完還可以做面膜。」

「你要選拿起來比較重、屁股比較深的。」
「這瓶最好，連續兩年入選百大*。」
「這瓶不錯，Robert Parker**給九十五分。」
「要買智利酒，便宜又好喝。」
「這瓶分數高，而且比美國市價還便宜，絕對超值。」

這些回答就好像那些討人厭的遠房親戚，七嘴八舌地教人該挑選什麼樣的男女朋友。最後這個問題總又繞回自己身上，畢竟，喝什麼樣的酒，其實是件非常私人的事。就好像很少有人在聽音樂這事上，會問：「我該聽阿妹還是巴哈？」

上葡萄酒課的時候，我會在最後一頁的投影片上加一句警語：「Wine is a little like love. When the right one comes alone, you will know it!」翻成中文就是「王八配綠豆」，沒有人可以比你更知道你的最愛是誰，不論是愛情或是葡萄酒都是如此。

葡萄酒確實很複雜，種類多到像是貼滿符咒與密碼、讓人完全摸不著邊際的迷霧叢林。即使在葡萄酒從一九九六年才開始盛行起來的台灣，走入誠品的酒窖，面對的是兩千多款的葡萄酒，要全弄懂，不僅要花上許多時光，猛K葡萄酒書，而且還需永無止盡地買酒試喝，最後肯定要跟我一樣傾家蕩產。但對初嘗葡萄酒滋味的人，是否學富五車絕對不是關鍵，我們的初戀不都是發生在對愛情懵懂無知的時候嗎？沒有人可以在先識得全天下男女之後，才

*美國知名葡萄酒雜誌《Wine Spectactor》每年選出Best 100。
**目前全世界最具影響力的酒評家。

決定要和誰談戀愛。更何況，所謂的情場老手，可不見得是最能享受愛情滋味的人。如果你覺得對葡萄酒充滿興趣，但又對葡萄酒所知不多，那真該恭喜你，請好好地享受與葡萄酒的初戀吧！

我是個十足的葡萄酒迷，自然要把葡萄酒比喻成愛情，但是，最讓我難忘的品酒經驗卻都是在我還沒有成為所謂的葡萄酒專家之前。與其在心中拿著一把尺去衡量一瓶酒，不如專注地傾聽每一款葡萄酒透過它的香氣與味道所傳遞的情感與訊息，用鼻子和味蕾去解讀葡萄園的風景以及釀酒師在酒中所投注的情感。太多的知識，有時反而會傷害了這種人與酒之間最自然、直接的真實感應。

自有風格的迷人葡萄酒，不見得必須是一支十全十美的佳釀，即使有憧憬，但沒有人會真的要和那壓根不存在的十全戀人談戀愛。越來越多的人捧著為葡萄酒打上分數的採買指南到酒店裡選酒，為買了一支沒有登上指南或分數不佳的葡萄酒而心生憂慮。把葡萄酒指南的評分當成如算命般的人生指引，肯定都要失去和葡萄酒直接對談的珍貴機會。

如果你真的開始喜歡上葡萄酒了，先讓自己的感官試著去感應吧！發揮一點想像力去探尋從酒杯裡傳來的隻字片語，捕捉每瓶酒中獨一無二的風采。碰上不對味或甚至讓人失望的葡萄酒是常有的事，愛情最讓人懷念的不也常常是那些因愛而起的酸楚和折磨嗎？沒有冒著風險勇敢愛上一回的人又怎能瞭解初戀的滋味是何等的美好。布根地的紅酒曾經是我的最愛，但也是最讓我感到迷惑與困頓的葡萄酒。一瓶令人失望的酒就好像那些被放棄的情人，是為下一次愛情做準備的最佳借鏡，甚至，會在另一個時空巧遇，再擦出新的火花。

請不要急著要為酒下評斷，打分數，因為只有那些無緣真正享受葡萄酒樂趣的專家才做這種無聊的苦命工作，他們為了表現自己的客觀，非得不斷地拿出許多標準的尺規來丈量葡萄酒的顏色、香味和口感。而你，卻可以如此自在地，僅憑著來自內心的感應，徜徉在與葡萄酒的甜蜜初戀裡。

ANDER
brander.com

Contents

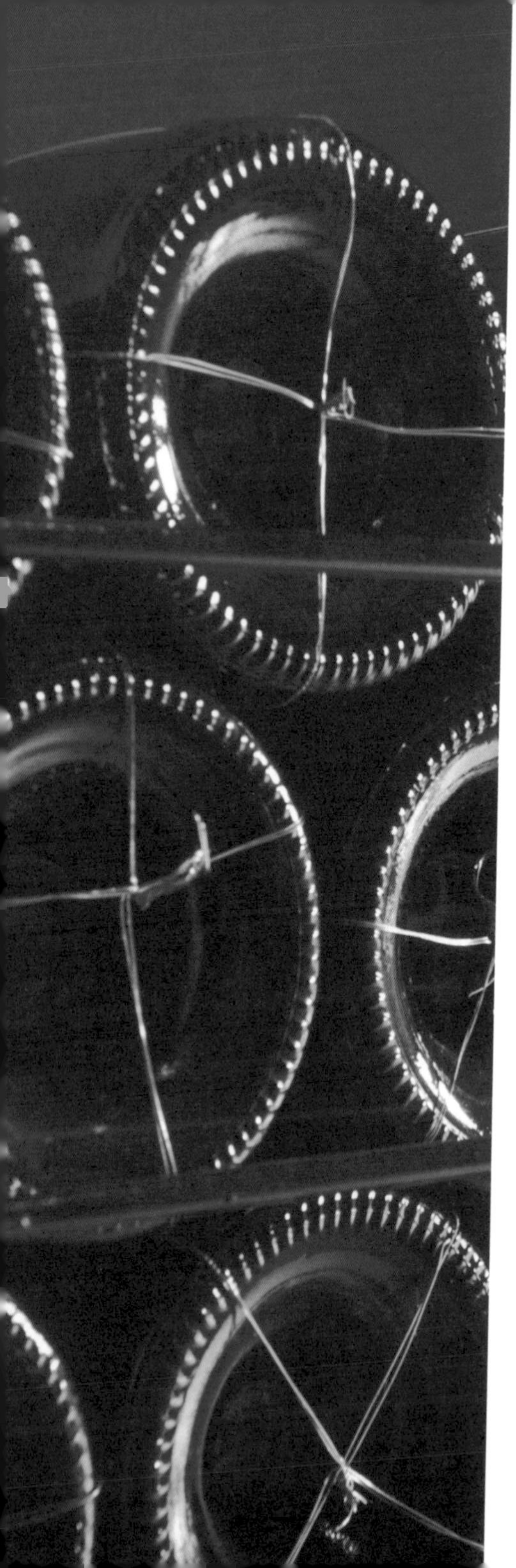

Part 1

# 開瓶之前

先等一等，不要急著開瓶。

對葡萄酒付出越多，得到的往往也越多，我說的不是金錢或是契約，而是像對待你的情人一樣，在你移情別戀之前，只要願意付出足夠的耐心和關愛，換來的，會是開瓶之後意想不到的美好時光。

## 葡萄酒的純度

就像現在的女孩已經不再嚮往純純的愛，我們這個講究拼貼混合的時代，純粹還具有什麼樣的價值呢？

應該還有吧！媽媽最愛的還是純金的項鍊啊！老爸總是非純綿的Polo衫不穿。可是，我們都知道純金項鍊不比妹妹的Chanel菱格紋K金戒指值錢，弟弟加了三十％ Coolmax的混紡籃球背心是純綿Polo衫的兩倍價。也許，是該覺醒的時候了，純純的年代早就逝去，越純的東西，似乎已經越來越沒有價值了！不過，對於老葡萄酒迷們來說，最值得慰藉的是，純粹風格的葡萄酒，到現在都還沒有真的過時。

葡萄酒都是用葡萄釀成，除了少數的加烈酒外，其實全部都很純，只是，葡萄酒的純與不純有著更細緻的分化。是否用純的百分之百的同一個葡萄品種？是否用百分之百來自同一片葡萄園的葡萄釀成？是純的百分之百的同一個年分？是純的百分之百的傳統釀法嗎？或者，酒中純美乾淨的迷人果味是否被那飄忽不定、微微帶點潮濕木頭的舊桶味給破壞了？哪一種葡萄酒最純，就像哪一家理容院的小姐最純一樣，不是內行人是不太容易分辨的。

在法國，因為有葡萄酒法定產區（AOC）的保護制度，一個產區，用什麼葡萄，是否只能用同一種葡萄品種來釀酒，都已經依據地方傳統被規定成不變的法規了，純與不純的問

・上等的雪莉酒裡常混合著數十個不同的年分。

1ª CRIADERA
1
336

題，其實，是由上天和歷史決定的，而不是葡萄農的自由意志。總之，在法國，混合多種或是單一葡萄，完全看自然環境。依據法國的釀酒理念，認為產自涼爽氣候的葡萄在風味上的均衡感比較好，而且釀成酒之後有比較多的細節變化。相反的，在炎熱氣候下，單獨一種葡萄比較難維持均衡感，如果要釀成較協調精緻的葡萄酒，就必須混合不同的葡萄品種，透過調配，以截長補短的方式釀出最精彩的酒來。也因此，在涼爽的北部，除了香檳之外，大部分用單一葡萄品種釀酒，溫暖的南部產區則是習慣混合多種葡萄。

單獨使用黑皮諾的布根地以及混合卡本內蘇維濃和梅洛（Merlot）等葡萄的波爾多，一北一南，是最典型的兩個代表。一條劃分單一品種與混合品種葡萄酒產區的線，從羅亞爾河與波爾多之間，自西往東南，斜穿過中央山地，在瓦倫斯市（Valence）南邊越過隆河，往阿爾卑斯山而去。這一條看不見的界線，將法國的葡萄酒地圖分成濃郁的南部和精緻的北部，而同時，也將隆河產區切剖成南與北兩個截然不同的典型。有著地中海炙熱豔陽的南隆河，生產著全法國最豐滿熱情的紅酒，同時混著數種、甚至十多種不同風格的葡萄品種。而大陸性氣候區的北隆河卻是強勁結實，且帶點高雅品味的嚴肅格局，不論紅酒或白酒，大多是單一葡萄的solo演出。

在法國葡萄酒界，這樣的法則，有如天經地義般的天條，即使到了二十一世紀，想挑戰的，除非打著傳統的保護傘，不然都註定要成為叛逆狂徒。在法國葡萄酒的領域裡，依舊漫布著有如極右派一般的森嚴律條，法定產區（AOC）制度看起來好像是「葡萄種族純化主義」一般，規定著每個地方葡萄的純度。這樣的情況在同是歐洲傳統葡萄酒大國的義大利，就顯得鬆散一些，有著更多的自由主義氣息，每個產區的葡萄酒都充滿著傳統與叛逆同時並置與拼貼的吵鬧紛雜。

我們還能繼續喝著這許許多多風格純粹的法國葡萄酒，其實，真要感謝這些嚴格的極端律條，讓有時創意淋漓的法國人得到應有的節制，不會因為一時的想望而毀壞了數百年的傳統。不過，我們都沒有忘記，曾經打碎純粹，有如巨型怪獸般擠在巴黎舊市區裡的龐畢度中心，或是羅浮宮廣場上閃亮摩登的玻璃金字塔，其實，都早已經融入市容與市民的心中，成為傳統的一部分了，更不要說更早之前的巴黎鐵塔和聖心堂。面對著新時代裡，來自全球葡萄酒產區的嚴酷競爭，許多法國酒莊請求政府鬆綁保守的葡萄酒法令，好讓他們有更多的自由空間放手一搏。也許，革命的時候真的到了，讓人好奇地想看看，當法國的葡萄酒業，在他們巍巍聳立的舊宮殿上架起新金字塔的同時，會用何等的創意，保留住他們最珍貴、純粹的葡萄酒資產。

## 葡萄酒的偏食症

回頭探看過往的戀人，發現愛上的，老是同一類的人，不僅有著同樣的個性，有時甚至連外貌都很神似。不得不相信，對於愛情，每個人多少都沾染著某種程度的偏食症。人到中年，似乎也越來越宿命，不再相信自己真的可以再去喜歡上其他新奇的菜色。

是啊！愛情為什麼不可以像葡萄酒一般，多樣均衡一點。

在夏天，伴著暑氣，可以暢快地喝著新鮮年輕的干白酒，那般青春奔放的果味與清涼爽口的滋味會是多麼地消暑。在嚴寒的冬季裡，配著一片熟透的卡門貝爾（Camembert）乳酪，如果能有一瓶散發著毛皮、香料和潮濕森林氣息的陳年紅酒，那應該可以抵得上一個正燒著熊熊火光的壁爐。在不同的季節，搭配不一樣的菜色，轉換不同的心情，或者和不一樣的人一起分享生活裡的每一個情境，其實都可以讓難以數計的葡萄酒找到各自最適切的位置。

即使有這麼多樣的選擇，但偏偏，我們還是像愛情一樣，老是耽溺於某些類型的葡萄酒。也許，並不一定是受到誰的溺愛，任性似乎正是人的天性，對於葡萄酒，我們正染上了偏食的症候群。其中最明顯的是戀紅的情結，對於紅酒的嚴重偏好，有時近乎到了偏執的程度。經常碰到有人將葡萄酒和紅酒直接畫上等號，完全忘記了還有白酒的存在。我自己，就

2001
SOLAIA
Firenze
ANTINORI

No.7
BAROSSA
SHIRAZ 200

經常被冠上紅酒作家和紅酒博士這些讓人難以吞嚥的頭銜。曾多次被問及這樣的問題：「白酒也是葡萄酒嗎？」聽起來真像是在問：「白種人也是人嗎？」

我們偏好的並不僅只於紅酒，而且是來自炎熱氣候，有著濃重口味的紅酒。也許因為受到美式口味的影響，或者是消費者的嗜好改變，讓酒莊越來越喜愛用晚採收的葡萄釀酒，等葡萄皮裡的單寧全變得柔和甜潤的時候再採收，葡萄泡皮的時間也越來越長，從葡萄皮裡萃取出更多的東西來。也許有一部分是因為溫室效應所造成的氣溫提高而帶來的影響，但還有其他原因，讓釀酒的葡萄比以前更成熟，釀成酒精濃度比過去要高了許多的葡萄酒。

例如在波爾多的梅多克（Médoc）地區，過去卡本內蘇維濃葡萄在一般的年分裡，即使添加一度酒精濃度的糖，也僅能釀成酒精濃度十二％的紅酒，還需要靠著添加甜度高一些的梅洛葡萄才能勉強達到十二．五％，僅有在成熟得特別好的年分才能出現十三％的酒精濃度。但是，現在梅多克的酒莊不僅幾乎年年都可達到十三％，而且甚至高於十三．五％。而法國南部地中海氣候區的葡萄酒就更不用說了，現在不僅十四％相當常見，有些格那希（Grenache）甚至達到了跟加烈酒一般高的十五％。而在西班牙、加州和澳洲等地，十四％的酒精濃度已經是最平常的了，十五％以上更是常見。

只是，偏偏在我們日常的餐飲裡，有著越來越多適合干白酒的菜色，而且，適合搭配均衡、清淡紅酒的菜肴也變得越來越多。在義大利，品酒專家們發現，大部分頂級的義大利生火腿都比較適合干白酒，絕不是那些有著單寧澀味的頂級紅酒。而在法國，Sommelier們也領悟到干白酒其實更適合搭配大部分的乳酪，而不是過去所認為的紅酒。那些數量不斷增加的高酒精濃重紅酒，似乎變得越來越難在我們的餐桌上找到一個位置，而最適合佐餐的干白酒卻在我們的眼中日漸消失蹤影。難道因為我們對葡萄酒的偏食，真的要讓葡萄酒只能單獨欣賞，逐漸遠離我們的餐桌嗎？

味覺的執迷常常讓我們失去許多發現的機會，即使每個人也都該有屬於個人獨一無二的偏好，但是，如果你的葡萄酒初戀是紅酒，也請給白酒一點機會吧！在找到自己的偏好之前，也許也該先確定這一次，是否還是愛得很瞎。

## 葡萄酒的愛情考驗

在我們這個愛情越來越速食，葡萄酒越來越講究早熟好喝的年代，到底是愛情能考驗葡萄酒的耐力，還是葡萄酒能在時間中戰勝愛情的長度？

一九九六年的秋天，和一對剛談戀愛的朋友一起去逛誠品酒窖，他們開玩笑似地突發異想，決定每人出一半的錢買一瓶布根地夜丘區的名酒La Tâche做為他們愛情的證物，相約好要在分手的時候一起痛快地開瓶喝掉，當然，我順理成章地成為他們的證人。不知道是不是為了省錢，或是真的不太相信愛情可以久遠，他們選了一九八六這個讓我充滿疑慮的布根地壞年分。大部分這個年分的布根地紅酒現在都已經過了最好的時刻了，或者更精確地說，太老，乾瘦得不能喝了，就像那些已經變調乾枯的感情，所有的美好與感動都只能成為椎心的回憶，也許勉強還可配些老臭的乳酪，但大概連用來做菜都怕會壞了味道。

一年多前送了一箱葡萄酒給一位新婚的朋友當賀禮，原本是打算要給他們在婚宴上喝的，所以特別各選了六瓶一九九七年的波爾多紅酒和可口多果味的年輕粉紅酒，沒想到他們卻把這箱酒藏了起來，決定要在每年的結婚周年開一瓶來喝。當他們挽著手幸福地跟我宣布這樣的心願時，我實在不忍心告訴他們，這些酒藏在他們還貼著雙喜紅色剪紙的床下，大概撐不過今年夏天。原來，想拿葡萄酒跟人生開玩笑的人還真不少，但他們似乎更有信心，至

少，一箱十二瓶，剛好是十二年的誓約呢！

大部分的葡萄酒其實都適合在年輕的時候品嘗，放個兩、三年也許還能稍微變好，但真要久存是確定不會得到什麼好處的，一般越是便宜的酒越是適合早早趁鮮品嘗。一瓶酒要真能有耐久的潛力，需要具備一些特殊條件，例如干白酒的酸味最好要夠高，甜酒要夠甜，紅酒的單寧多一些比較保險，如果是加烈酒，雖然比較安全，但還是要有好的均衡感，在時間的變換中才不會很快就失衡了。

即使有些葡萄酒可以有耐久存的潛力，如人們常說的越陳越香，但是，很不幸地，經過漫長的等待，開瓶倒進酒杯裡時，要碰上剛好成熟美好的陳年佳釀，機率其實也不是百分之百。像上好年分的頂級梅多克紅酒或者超濃甜的貴腐甜酒（Pourriture noble），甚至酒精濃度更高、酒質更穩定的加烈酒，這些可以保存數十年的頂尖佳釀，一離開酒莊，在漫長的熟成歲月裡，只要碰上不當的儲存環境，都很有可能變質敗壞，讓漫漫的等待化為滿瓶的悔恨和惋惜。

而其實，這樣的情況更是讓陳年好酒顯得特別地難得，讓我們更加地珍惜想望，尤其是每一瓶酒的熟成環境隨著主人的搬遷或易手，不同的酒窖、不同的溫度和濕度，甚至不同的光線和震動，慢慢地培養出，單單唯有這一瓶，完全獨一無二的風味來。

歷經時間考驗的陳酒珍貴難得，那愛情呢？

我們常自以為找到了柏拉圖說的，和我們如此相合的另一半，好像愛情就可以這樣永恆堅貞。跟葡萄酒一樣，在現實的世界裡，愛情總是脆弱而多變。永恆偉大的愛情大概是人類自己發明出來，跟酒越陳越香一樣的欺世論調，要讓構築社會的家庭單元不會因為愛情的無常而飄搖不定。

苦撐了漫漫七年的愛情最後還是來到了盡頭，朋友來電請我一起品嘗那瓶見證他們愛情的La Tâche。隔了那麼多年，都幾乎忘記有這樣一瓶分手的酒在等著愛情的未來。除了感慨，也沒有料到這段感情竟然能夠撐得這麼長久，而這份意外，讓我對即將開瓶的La Tâche充滿了許多的期待，愛情的堅持真會比不上一九八六年的布根地嗎？

## 青春不再

大眾媒體上不斷地歌頌讚嘆著年輕與不老的美貌，提醒我們不要忘了去買活泉抗老凝膠和多酚回春除皺精華霜。青春已經不再的我們真的就只能感嘆時光荏苒一去不回嗎？那些用逝去的年少歲月換得的，難道真的不會是更珍貴的東西？

「不要騙人了！沒有什麼比青春更珍貴的東西，是存在決定需求，大家都想變年輕，沒有人想變老。難道要我們花錢買塗在臉上讓自己變老的東西嗎？還好有人發明SKII面膜這種東西。」我乾弟很不耐地這樣說。

也許吧！青春對於人類來說，似乎是一種亙古不變的永恆追求。

唯一可以慶幸的是，至少在葡萄酒的世界裡，還不是完全如此。

也許，因為已經慢慢地有了中年的心境，開始發現成熟的滋味原來可以是那般地迷人。當屬於青春的鮮嫩多汁逐漸散去之後，留下的，是只有時間才能醞釀成的深刻與厚實。那些存在酒窖裡，已經開始進入成熟期的葡萄酒，不再只是奔放的果味，不再那麼地直接放肆，卻多出了醇厚的香氣與穩重渾厚的協調口感，當一瓶酒真的成熟時，年輕的葡萄酒是再精彩也無可相比。雖然，我們更常碰上的是已經完全乾枯瘠瘦的過熟老酒。

布根地的紅酒是最好的例子，雖然用的是黑皮諾這種最嬌貴難釀的葡萄，但是現代的釀

酒技術已經讓好喝的年輕布根地不再那麼難尋，但是，當一瓶陳年的布根地紅酒真的展露出最美好的一面時，沒有，完全沒有任何其他年輕的葡萄酒可以相提並論。雖然四十年以上的老朽布根地比比皆是，但是，像一九六二年Bouchard Père & Fils酒商的Beaune Vigne de l'Enfant Jésus；一九四七年Chanson Père & Fils酒商的Corton；一九三六年Reine Pédauque酒商的Chambolle-Musigny那些讓我迷眩的陳年布根地，卻是如此少見，如此可遇不可求。

在眾多的葡萄品種裡，也有一些品種，像波爾多的榭密雍（Sémillon）和阿爾薩斯的灰皮諾（Pinot Gris），在年輕的時候總是特別低調與內斂，少有新鮮果香，香氣封閉，和花樣青春一點都沾不上邊，必須要等到「中年」之後才顯精彩。在波爾多，釀成干白酒的上好榭密雍有著一份帶著古樸風的安靜個性，不會急著馬上要搶占鋒頭，酒的香氣在瓶中需要經過幾年的等待才會緩緩地散發出來，除了一股水煮過的、淡淡的綠檸檬皮之外，少有直接討喜的水果香，最招牌的是帶點奇異與溫潤的蜂蜜、蜂蠟，以及杏仁和核桃等堅果的香氣，有一種老舊氣氛的氤氳風格。

榭密雍葡萄的酸度不高，常被批評為平淡無味，在法國的西南部與波爾多，常常混合白蘇維濃（Sauvignon Blanc）釀成廉價止渴的干白酒。但是如果產量不要太大，葡萄的成熟度夠高，卻可以釀成酒精高一些、口感渾厚的干白酒，特別是以產自波爾多市南郊的貝沙克—雷奧良（Pessac-Léognan）地區的榭密雍最為著名，雖然也添加白蘇維濃，但是越精彩的貝沙

・左：一九三七年的老波特。

・右：澳洲獵人谷（Hunter Valley）相當耐久的榭密雍。

TOP GOLD
GOLD
RRELL'S WINES
VALLEY
Vat 1
Hunter Semillon
1997

CHATEAU
HAUT BRION
PESSAC

克—雷奧良白酒，通常含有越高比例的榭密雍。

相較於夏多內白酒鮮奶油般的圓潤油滑口感，成熟的榭密雍會出現蜂蠟般的質地，即使酸味不高也有足夠的分量，不會太軟調。在我的眼中，榭密雍很少有玉樹臨風般的英挺風姿，卻有矮壯的踏實體格。我心目中最精彩的波爾多干白酒Château Laville Haut-Brion*，正是用高達七十%的榭密雍釀成的。就像已經完熟的一九八九年分，豐沛的熟果與杏仁香氣並不細緻靈巧，但是卻顯得古樸沉靜，即使已經成熟，但是口感更顯強壯厚實，有著屬於伴著歲月的刻痕才會顯現出來的生命美貌，一種充滿力量的味覺美感。

當然，當榭密雍釀成貴腐甜酒時，得到更多的掌聲，在貴腐黴菌的作用下，榭密雍蛻變成極度的奢華與熱鬧非凡，口感毫無節制地濃甜肥碩，伴著極盡享樂式的華麗與繁複香氣。

也許，如此全然對反的格局，反而彰顯了榭密雍干白酒的珍貴之處。我想，那是一份，唯有懷著中年男人的心境，才能開始慢慢懂得欣賞的精彩與迷人。

*現已改名為Ch. La Mission Haut Brion Blanc。

## 白酒的溫度

有一點寒涼的四月夜晚，下了一點雨，溫度降到十五度。從高雄開車上來的朋友遲了整整兩個小時，趕到J-Ping餐廳時已經晚上九點多，還好老闆在滿座的周末晚上還幫我們留了一張空桌，不過，袋子裡的白酒卻已經退冰了。才坐下來，匆忙地要了兩個酒杯，但卻忘了提醒侍者帶的是白酒要準備冰桶。沒多久服務生果然拿來了兩個巨大的波爾多紅酒杯上來。也許，上餐廳只喝白酒的人畢竟不多吧！望著桌上那雙可以滿滿裝進整瓶白酒的酒杯和那瓶Domaine de Richard的貝傑哈克干白酒（Bergerac Sec），或許，那時真的很口渴了，我決定先開來喝看看。

幸虧一起吃飯的朋友平時只喝啤酒，分不太清楚葡萄酒該怎麼喝，所以並沒有用匪夷所思的表情，看著我將閃著金黃顏色、還沒冰的白酒匆匆地開瓶倒進杯子裡。

對於貝傑哈克干白酒，這瓶酒其實算是非常老了，一九九六年，酸味很多的年分，保存得還不錯，雖然新鮮的果味已經消失，但陳年的酒香很快地就從那寬闊的杯身中散出來。這酒喝了好多回，還是第一次變化出這樣的香味呢！好像是在甜熟的糖水西洋梨中磨入一點肉桂粉，並加上一大匙的野花蜂蜜，最後再泡入一點糖漬檸檬皮，以及幫助睡眠的椴樹花茶（tilleul）。這樣溫柔軟調的香氣風格真是迷人，只有陳年的白酒才能有這般的溫潤豐富，當

20
DIN
Kl.1
10
30
0
40
10
50
-20
60
MARTINEZ SOLE & CIA.,S.A.

E. 333 LO HARO (RIOJA ALTA) ESPAÑA
PRODUCTO DE ESPAÑA
DADA EN 1877
VIÑA
NDONIA
ECHA DE 1981

SOCIÉTÉ CIVILE DU DOMAINE DE LA ROMANÉE
PROPRIÉTAIRE A VOSNE-ROMANÉE (COTE-D'OR)
MONTRACHET
APPELLATION MONTRACHET CONTRÔLÉE
3.314 Bouteilles Récoltées
LES ASSOCIÉS
BOUTEILLE Nº 02412
ANNÉE 1989
Mise en bouteille au domaine

然，也因為這酒沒有被那寒涼的冰桶給鎮嚇住，沒把難能可貴的香氣完全封閉起來。顯然，那晚的意外卻多了一次美味的新體驗。

也許是運氣好，那天的天氣特別冷，酒其實還是微冰的十六至十七度，喝起來並沒有因為溫度而失去均衡，只是微微地讓酒精的氣味重了一些，口感更加圓潤。這讓我回憶起在布根地時常聽到的一句話：喝布根地陳年白酒的溫度和喝陳年黑皮諾紅酒的最佳溫度其實是差不多的。乍聽也許很怪異，但仔細想想卻相當有道理，特別是現在到處習慣把白酒像香檳般丟進浮滿冰塊的冰桶裡泡著，其實，對酒的傷害是很大的，特別是那些滿是成熟香氣，但又特別脆弱的陳年干白酒。

也許，大家喝習慣了香味撲鼻、口感肥碩，香甜肥潤的美式夏多內白酒，那些酒還真是需要特別冰涼的七度以下低溫！不然喝起來常會讓人覺得發膩，要喝超過一杯都不太容易。也有些年輕、清淡、多果味，甚至還帶一點氣泡的干白酒，冰一點也是無妨。但是，成熟的干白酒，或甚至頂級的香檳，卻不該被同樣對待，只要溫度不超出十五度，酒溫寧可高一點也不要太低。超低酒溫會讓酒的香味出不來，再好的酒也不會迷人。

除了溫度不要太低，出人意料的，塞滿冰塊的冰桶也常常是美味白酒的頭號殺手。因為冰桶裡的溫度接近零度，在高溫差的接觸瞬間，常會把獨具細緻香氣的白酒弄成香味封閉的啞吧酒，不可不慎。葡萄酒是一種常常要考驗飲者耐心的飲料，急躁的個性是絕對討不到便宜的。在冰涼葡萄酒這件事上也是如此，慢慢地降溫絕對勝過急速冰凍，記得，冰桶裡要多水少冰，或者更理想的是直接放進冰箱的冷藏室裡，然後耐心地等上兩個小時。

Samson兄開的Tutto Bello是少數極在意白酒溫度的餐廳，昨天前去拜訪時，他特別用Riedel Sommeliers系列的Montrachet杯幫我倒了Ruffino的Libaio，他們餐廳酒單裡最便宜的一款白酒。有一點意外，酒上來的時候大概接近十五度，這樣的溫度加上圓球形的杯型，把一瓶原是平凡簡單的白酒弄得香氣橫溢，而且圓潤脂滑，果然是很會玩弄葡萄酒的愛酒人。

只是，Samson有點無奈地說：碰上美國來的客人，常會嫌這裡的白酒不夠冰，所以，現在Tutto Bello的白酒分成兩種溫度，可以是美籍客人專用的美式冰溫，或者，像這杯，飄散著迷人香氣的、極盡享受的最佳溫度。

## 美味的順序

如果把一個過氣的模特兒排在林志玲後面出場，有多少人會多看她一眼？要是暖場的歌手排到壓軸的巨星後頭，留下來聽完演唱會的人會有多少？我的意思並不是堅持不可以這樣做，而是，才剛喝完華麗的Montrachet，卻要上一瓶Chablis，總是要讓人為清雅樸素的Chablis捏一把冷汗。

平時我們並沒有為葡萄酒排出場序的麻煩，通常只有家常簡單的葡萄酒可喝，就一、兩瓶酒佐餐，不用為了次序傷太多腦筋。但是，一到了歲末年初的時刻，大家就開始趁機找藉口要把努力珍藏的葡萄酒拿出來品嘗，如果好酒一次出現太多，就得考量誰先誰後了，有點像尾牙晚會到底要讓伍佰還是五月天唱壓軸的決定一樣，要很有技巧才能皆大歡喜。

為葡萄酒排序的原則很多，但無論如何，最根本的原則就是把最清淡、最不香、最簡單、最年輕、最便宜、最不起眼的葡萄酒擺到最前面，然後慢慢往後加上比較濃、比較香、比較複雜、比較陳年、比較貴、比較起眼的葡萄酒。這個原則的原因其實非常簡單，就是要避免排在後面的酒被前一瓶酒的味道所干擾。重點不在排名，而是在品嘗的過程，要讓每一瓶酒都能有精彩表現的機會。葡萄酒的品嘗會是如此，為法式盛宴安排葡萄酒時也是按照這樣的原則，西式餐飲的上菜順序常常也是循序漸進的，所以這樣的上酒順序，剛好大致符合

了配菜上的需求。

甜酒所遺留下來的甜味會讓干型酒變得特別乾瘦而失去原有的均衡，所以先干後甜是最基本的原則。不過，老一輩的法國人為了開瓶後比較耐放，喜歡拿波特和蜜思嘉甜酒當開胃酒，就完全和這個原則衝突。法國餐廳常會有肥鵝肝當前菜，因為適合搭配貴腐甜酒，所以在吃前菜時就來一杯甜白酒也是常有的事。如此理所當然的原則，卻不是牢不可破。

紅酒所遺留下的澀味會讓干白酒顯得單薄平淡，先白後紅也算是最根本的順序考量。不過，有些干白酒會有特殊的香氣和口感表現，有時也會影響細緻型的紅酒。例如在布根地，夏多內白酒常常會被安排到黑皮諾之後再品嘗，以避開布根地白酒中頗為常見的橡木桶香氣。而且接在紅酒之後，口感相當圓潤的夏多內，似乎變得更加溫潤圓熟，讓剛遭受單寧澀味折磨的味蕾有如享受ＳＰＡ一般滑軟舒坦。

經過陳年、完全成熟的葡萄酒滋味，決非一般的年輕葡萄酒可以比擬，所以把年輕的葡萄酒排在老酒之前品嘗也是值得參考的原則。按照這樣的原則來排，等到吃完主菜，要上乳酪的時刻，剛好輪到陳年的老酒上場，如果剛好又是一片完全熟透、中心開始融化的卡門貝爾乳酪，那真會是一個絕妙的組合。不過，前提是這些年紀比較大的葡萄酒要真的是處在最美好的時刻，而不是已經年華老去的過時老酒。另外要考慮的是，每一款葡萄酒熟成的速度都不一樣，年齡淺的葡萄酒不一定就顯得比較年輕，反之亦然。而即使是同一家酒廠的酒，

PORTO
Niepoort
LBV
LATE BOTTLED VINTAGE
2001
ENGARRAFADO EM 2006)
PRODUZIDO E
ENGARRAFADO POR
NIEPOORT (VINHOS) S.A.
OPORTO
PORTUGAL

在不同的年分也可能有相當大的差距，把比較清淡的老年分排到比較前面品嘗，不一定就完全沒有好處。

法國有許多葡萄酒產區都講究階級，不僅法定產區（AOC）之間有分級，村莊、酒莊或葡萄園之間也常有級別的差距，甚至同一家酒莊所出產的葡萄酒也有一軍、二軍甚至三軍的差別。安排品酒順序的原則其實也很簡單，不外是先卑後尊，先賤後貴。

雖然有這許許多多的原則，但是，就像繁雜的法文文法一樣，在規則之外，卻有著更多的例外，沒有對錯，也不會有標準答案。這就好比同樣的劇本和演員，不同電影導演的場面調度，就可以營造截然不同的觀影經驗。同樣一組酒，次序調換過之後再品嘗一次，每一瓶酒也常會有不同的表現。

失去了永恆可靠的原則，雖然可能會讓我們無所適從，但生命裡最有趣美好的地方，卻常常是從這裡開始的。

・如果要免生意外，重量級的波特甜紅酒還是等到餐後再上場吧！

## 帶瓶酒去吧！

餽贈的行為「表面上看，似乎人人自動自發，全不在乎自己的好處，但實際上卻是出自身不由己的……。」人類學家牟斯（Marcel Mauss）在《禮物》（*Essai sur le don*）一書提出這樣的看法。就像我手上拎著赴宴的這瓶一九八九年的Château Pavie，我以為可以讓我進入以葡萄酒為媒介的給予、接受及回報的義務關係之中。

受邀參加法國朋友在家裡舉行的晚宴，如果不想要酷空手就去，最方便實際的，該是買個自己也想吃的蛋糕或甜派帶去吧！特別是甜點手藝不太高明卻又愛自己露一手的主人，接到電話的時候就該提醒他：「不用忙甜點了，我買一個帶去！」要不，也可拎一瓶葡萄酒，絕對勝過像花束那些美麗卻下不了肚的東西。帶瓶酒赴宴看起來似乎很方便簡單，但實際上卻是奧妙無窮，複雜的程度絕對不下部落之間的交表親關係。

要帶什麼酒才不會失禮呢？Chambertin紅酒要一百多歐元，會不會太炫耀？帶連鎖超市買的Mouton Cadet會不會顯得太外行？這是我珍藏、唯一一瓶的Vin de Paille，帶去了我自己也可以喝得到嗎？如果帶白酒，要不要先冰好再帶去呢？他們老家在布根地，會不會不喝波爾多的酒？是約庭院午餐，天氣這麼熱，帶教皇新堡（Châteauneuf-du-Pape）會不會酒精太高了一點？今晚聽說要吃印度菜，阿爾薩斯的灰皮諾撐得住嗎？預算不多，要如何帶一瓶受歡迎又讓人印象深刻的葡萄酒呢？

送禮可以成為一種藝術，帶葡萄酒赴宴更是，有趣的地方就在於不能直接說明白，沒有說出來的，卻反而更耐人尋味。即使是身不由己的事，卻也有許多樂趣存在其中。交到晚宴主人手上的這瓶酒，承載著送禮者想要傳遞的訊息，晚宴的主人更不會錯過從這酒身上推敲送禮者直接、間接或甚至潛意識裡想要說的話語。今晚的主人會知道這瓶一九八九年的Château Pavie是虛應、感謝、愛慕、奉承、誇富還是虛張聲勢呢？

如果不想為這事傷腦筋，就帶瓶香檳吧！那應該是最安全的選擇，很多人還是有「再便宜的香檳都比大部分葡萄酒來得貴」的印象，至少不會顯得寒酸失禮，而且抵死不喝香檳的人還真的不太多，更妙的是香檳容易配菜，再不濟，至少也能當開胃酒喝。如果是慶祝的場合，帶香檳祝賀更是理所當然。

如果想讓帶去的酒顯得有趣，帶點懸疑，最好避開在超市隨處可見、且價格低廉的廠牌酒款，因為他們可能會出現在超市的ＤＭ上，且印著斗大的紅標價格，當然，若是參加極左派的晚餐，又另當別論。如果擔心帶過於知名的產區，像波爾多，或知名的品種，像夏多內，會顯得流於俗套，那不妨選擇較不知名但風格獨特的酒莊或法定產區（ＡＯＣ）的酒。從實際面來看，較不知名的葡萄酒比較不會被預知酒的風味，也較難被知道價格的高低，反而會讓人因為好奇而帶著更多的期待。帶一瓶甜點酒也常可以讓人印象深刻，家庭餐會比較

Chablis
Montée de
APPELLATION CHABLIS
13% Vol
Mis en
DOMAINE FRANÇOIS

・要帶夏布利還是黑皮諾？

少會特別準備配甜點的葡萄酒，能在餐後有甜美的結束應該可以留下美好的回憶。

一般邀朋友來吃飯，通常都會準備佐餐的葡萄酒。如果原本的酒已經夠喝了，或者主人想藏私，客人帶來的酒也有可能不會開瓶，直接被收下當禮物。如果希望自己也能喝上一口帶去的酒，那該怎麼辦呢？主人通常都會禮貌性地詢問帶酒來的人是否想要開瓶一起品嘗，如果擔心碰到白目的主人，也有方法。帶白酒或香檳時，記得要冰涼了再帶去，收禮的人摸到酒溫就應該瞭解意思，如果再加一句「已經冰涼了」，這樣就夠明顯了。紅酒稍稍複雜一點，把酒交給主人時要動點唇舌說：「這酒還沒喝過，不知道跟今天的菜配不配。」甚至，乾脆把酒包起來，跟當晚的主人說想來個矇瓶試飲（blind tasting）。當然，如果不想喝到自己帶去、已經喝過很多次的酒，也可以暗示這瓶酒還太年輕，要放一陣子再喝。

那晚宴，到進門的一刻，我才知道其實是一家布根地新酒商委託我的記者朋友在家舉辦的小型品嘗會，才剛進門，就看到一字排開的二十多款布根地紅、白酒已經開瓶等在餐桌旁的矮櫃上，手上拎著的一九八九Château Pavie卻已經來不及藏進袋子裡了。原本想給成天老喝布根地的地方葡萄酒記者們來一點波爾多刺激的詭計不僅無法達成，還折損了一瓶原已不多的波爾多收藏。美豔的記者朋友笑著把酒收下，一個月之後，在伯恩拍賣會的記者會上，她拍著我的肩膀跟我說，謝謝你那瓶酒，真是好喝極了。

下回，千萬別再帶錯酒了。

TAYLOR

## 關於嗜好與收藏

即使鞋櫃早已擠爆，但為何女生在出門時永遠覺得少一雙呢？要從一整櫃的鞋子裡挑選出一雙可以配波西米亞風印花長裙的鞋子真的那麼難嗎？至少，這總比再上百貨公司血拼一場來得省時省事省金錢吧！

隨著買來存著、等著在最佳時機再開瓶來喝的葡萄酒越來越多，慢慢地，我也開始理解總是少一雙鞋的心境，因為每回約朋友吃飯時，望著成箱堆疊起來的葡萄酒，卻總還是覺得少了一瓶。這還太年輕，那個太濃，這瓶太平凡，那瓶又太珍貴，東挑西選之後，決定該是再補貨的時候了！於是乎，每年，葡萄酒的數量總要呈倍數激漲，喝的速度永遠趕不上買的速度。儲存葡萄酒的空間也不得不越換越大。也許，這是全球葡萄酒迷們的共同宿命吧！特別是在氣候炎熱的台灣島上，要到哪裡去找法國隨處可見，陰暗、潮濕、涼爽又恆溫的理想地窖來儲酒呢？

一九九六年搬回台北工作時，跟大部分的人一樣，儲存葡萄酒的地方最早也是從冰箱最底層的蔬果保鮮櫃開始的。冰箱並非最理想的地方，即使是最高溫潮濕的蔬果櫃內，溫度總在七度以下，而且非常乾燥，同時又混著許多食物的味道，時間一久，會經過軟木塞滲透進葡萄酒裡，除了馬上要喝的酒之外，儲存在冰箱裡的葡萄酒都要用塑膠袋封裝起來。包裹保鮮膜比較方便，但保溼和阻隔味道的效果較差一點。冰箱的另一個缺點是壓縮機所造成的震動，經年累月下來也可能會把葡萄酒震暈了。

即使完全空出冰箱的保鮮櫃存放葡萄酒，但一不小心，還是很快就會酒滿為患。這時最省錢的方法是挑出年輕濃澀、比較耐放的紅葡萄酒，裝進保麗龍箱，然後放到壁櫥靠著地面存放，盡可能地跟外界隔離起來。雖然室溫通常比一般儲酒要求的十到十五度高很多，但至少可以避免最致命的忽冷忽熱，以及因為急遽溫差產生的漏酒危險。存在高溫環境裡，葡萄酒的成熟速度也就跟著變快，即使是再耐久存的頂級紅酒，在這樣的環境裡都會加快老化的速度，稍微不耐一點的，難免要未老先衰，雖然說可以早一點催熟葡萄酒，但也失去原有的高雅與精緻風味。經過一整個夏天熱壞了幾瓶酒之後，大部分的人都不免要開始考慮是否該買一個控溫控濕的儲酒櫃了。

即使下定決心要買了，內心的天人交戰卻才正要開始。可供選擇的品牌越來越多，而且有高達數倍的價差，除了預算與功能的考量之外，要買三十瓶裝還是兩百瓶裝的酒櫃更是痛苦的掙扎。太小很快就滿了，而且不符能源與空間的效益。太大則不僅搬家麻煩，而且根據往例，半空著的酒櫃跟半空著的鞋櫃一樣，肯定會間接鼓勵瘋狂的大肆採購。儲酒櫃的另一個功能是非常適合用來存放巧克力，不會有放在又乾又冷的冰箱裡馬上變質變味的問題，希望這點可以讓你用來說服你的另一半點頭同意這多出來的，似乎會很占空間的葡萄酒「冰箱」。

在做出衝動的決定之前，也許可以先考慮在酒商租一個儲酒的空間。現在台北已經有不少葡萄酒專賣店提供這樣的服務，可以像托嬰一樣，把酒存放在可以上鎖的木櫃裡，讓心愛的葡萄酒在理想的溫濕度中慢慢地成熟，每個月只要付四百元，差不多只是三歲小孩托嬰費用的零頭，就可以存進將近一百瓶葡萄酒。像我這樣經常搬家的人，頗能體會即使搬家也不用帶著一堆葡萄酒搬來搬去，是件何等幸福的事啊！但無論如何，除非住得近，想喝酒的時候要專程跑一趟酒商取酒，並不是很方便，如果存著的不是特別少見，而且價格飆漲迅速的投機型葡萄酒，那要喝時再買似乎反而比較實際一些。畢竟，葡萄酒的世界這麼廣闊，沒有非喝不可或非買不行的葡萄酒。只是，我必須懺悔的是，要戰勝自己的收藏癖好，其實還是件蠻難的事。

從台北搬回八卦山上之後，總算有了更方便的儲酒空間，四坪大完全隔離的冷凍櫃裡加裝一個冷藏設備，就可保持十度的恆溫，只要放置一些濕紙板和幾盆淋濕的砂子保持濕度，就幾乎可以高枕無憂了，預算卻比買一個可以裝一百九十六瓶的Eurocave E283儲酒櫃還要便宜許多。四坪的空間如果全部堆滿可以放上四百箱共四千八百瓶七五〇毫升裝的葡萄酒，完全不用擔心會有裝滿的一天。如果真有這一天，我想應該可以十年不用買酒也不愁沒酒喝了。但我想，這樣的幸福對我而言應該是最大的酷刑吧！

## 新酒預售

對於銷售頂級波爾多葡萄酒的酒商來說，每年五月是最忙碌的季節。前一年秋季才剛採收的葡萄，在釀成葡萄酒之後，波爾多所有最頂尖的城堡酒莊，一家都不缺地在隔年的四月初開始提供新酒的樣品給來自全球各地的媒體與酒商品嘗。很快地，全球各主要葡萄酒媒體便會開始刊出對波爾多頂級酒的評價。事實上，這些酒才剛釀成不到半年，其中甚至還有許多都還沒有完成調配。這般搶快是因為到了四月底五月初，這些波爾多的頂尖酒莊就要開始訂出預售價格，透過酒商向全球的葡萄酒迷們預售新年分的波爾多了。

剛開始喝波爾多葡萄酒的人可能會很疑惑，號稱是全球最耐久存的波爾多頂級紅酒，要買酒的人這麼趕早付錢，難道不會太急了一點嗎？為何有那麼多的人願意早早地掏錢預購十年之後、甚至更久之後才會成熟好喝的葡萄酒呢？

波爾多的新酒預售稱為en primeur，和薄酒來新酒常用的vin primeur是同一個字，只是同樣是新酒，差別卻相當大。能夠參與預售的如果不是列級酒莊，至少也要是小有名氣的明星酒莊。全波爾多有近萬家酒莊，參與預售的總數只有數百家。這些頂級波爾多在五月之後開始逐批預先賣出，但是，買主卻還要等很久才可以喝到酒，不像薄酒來新酒可以趕早，馬上就能開瓶。這些酒往往還要再經過一年到一年半的橡木桶培養才會進行裝瓶，並且保存一段時間之後才會上市。例如許多在二〇〇四年春天付款買的二〇〇三年分波爾多，要等到二〇〇六年春天之後才拿得到酒，而如果真的要在這些酒開始成熟的時候品嘗，那大概至少要等到二〇一三年。購買波爾多新酒預售除了考驗選酒的眼光，也一樣需要有過人的耐心才行。

能夠吸引這麼多人預購的最大動機，在於預售的價格通常較裝瓶上市時的價格來得便宜。例如現在一瓶市價超過兩萬元的一九八二年分白馬堡（Château Cheval Blanc），在一九八三年的預售價格每瓶大約只需兩百法朗（約一千元台幣）就可以買到。是連一般的平民大眾都買得起的價格。雖然看起來很誘人，但是預購新酒跟所有的投資一樣，也有許多風險。波爾多葡萄酒的價格會隨著市場的供需與葡萄酒熟成的狀況而有所波動，有些酒莊特定年分的預售價格並不一定比裝瓶上市時便宜，例如一九九七年分許多波爾多列級酒莊的預售價格，跟八年之後的市價並沒有太多差別，如果算上利息成本與通貨膨漲，應該要算是賠錢。

付了錢卻拿不到酒是購買新酒時的另一個風險，因為必須透過進口商購買，取得購買的憑條，如果進口商倒閉或是因為價格飆漲而違約惜售，都有可能最後拿不到預購的葡萄酒。所以除了要慎選葡萄酒，也要選擇跟有信譽的酒商購買。

過去波爾多的頂尖酒莊藉由降低一點獲利，透過預售先取得一部分資金，以用來支付龐

CONTINO
Nº 4
CONTINO
7

大的生產支出。但現在的情況似乎有點改變，城堡酒莊並不缺乏資金，酒莊預售的價格並不會比上市時便宜太多，二〇〇四年一級酒莊的預售價就已經達一百多歐元，二〇〇三年更達兩百多歐元，已經完完全全地是奢侈品的價格，絕非一般收入的大眾買得起的。而且購買新酒後上漲的空間也不再像過去那麼大，以前新酒預售都是以箱為單位採買，現在酒價攀高，買整箱的負擔實在太高，有葡萄酒店甚至降低門檻，提供以一瓶為單位的新酒採購，雖然可以更普級，不過，單瓶的酒價也比整箱採買的價格更高。

二〇〇五年分的波爾多也許為波爾多的預售劃出了分水嶺，因為氣候條件非常好，試飲之後得到相當一致的好評，很多人將之評為世紀年分，如所預料，價格創下歷史新紀錄，一級酒莊每瓶預售價高達五百歐元。讓人非常疑惑的是，這樣的預售價已經比上市多年、開始成熟的上好年分，像八六、九〇、九六等等都來得昂貴許多，價位直逼半世紀以來最貴氣的一九八二年分。也許有點弔詭，有錢人買新酒，沒錢的，只好買老酒喝了。

・試飲還在橡木桶中培養的葡萄酒，有如替還未出生的小孩估算未來那般充滿著不確定性。

## 邊喝邊賺

收藏是一種興趣，也是癖好，如何讓自己沉迷心醉的癖好，從讓荷包失血的破洞變成賺錢添財的工具，應該是許多人心中的夢想吧！特別是當你的老婆或先生總覺得你該把葡萄酒錢省下來給女兒買奶粉和尿布時，這該是一個多麼具有說服力的藉口啊！

二〇〇一年五月，當波爾多五大酒莊以一百歐元的歷史高價推出二〇〇〇年分的第一批新酒預售時，波爾多的酒商們雖然罵聲連連，但是卻邊罵邊買，因為他們很快就發現，這是一個可以賺一年吃三年的難得契機。到二〇〇五年的年底，一瓶二〇〇〇年的拉圖堡（Château Latour）在倫敦拍賣市場上的稅前平均價格已經達到四百歐元，四年間獲利百分之三百，很少有基金管理人交得出這樣的成績來。

雖然說，現在很少人還相信養兒可以防老，但是，我小時候確實曾經誤信集郵是一種儲蓄，犧牲了那麼多買糖果的錢，換來的只是三十年後的今天望著幾乎不及票面價值的成箱郵票和首日封興嘆。而像葡萄酒這樣只是用來佐餐的飲料，而且保存不當就很容易壞掉的東西，又如何可以作為投資標的呢？

如同藝術品或其他動產，葡萄酒跟其他飲料不同的地方在於，葡萄酒並沒有規定要標示保存期限。雖然說大家都知道，沒有標示並不表示葡萄酒就可以跟木製家具或石頭雕像那般到海枯石爛，但是，確實真的有些產區的頂尖酒莊在特別的年分，可以釀造出非常耐久存的葡萄酒，而且常常放越久越精彩。我說的久，不只是一、二十年，而是更長遠，例如像一九四五年的木桐堡（Château Mouton Rothschild）、一九〇〇年的瑪歌堡（Château Margaux），或甚至如傳奇般的一八四七年伊更堡（Château d'Yquem）與一七九二年的馬得拉（Madeira）Blandy Sercial Napoleon's Pipe。

這些至今都還可以喝的陳酒，其價值除了耐久之外，還在於稀有。首先，這些所謂的世紀年分常常要十多年或甚至數十年才會出現一次，特別是在像法國最頂尖的葡萄酒產區，如香檳的漢斯山區、布根地的金丘區以及波爾多的梅多克，甚至隆河區北部的羅第丘等等，幾乎都是當地主要葡萄品種的極北產區，平時要讓葡萄成熟都已經相當困難，一定要剛好很多條件巧妙地配合起來才能釀出精彩的酒來。所以，即使是再頂級的產區，再出名的酒莊，年分不好，產出來的酒一樣無法經得起數十年的時間考驗。

除了世紀年分難得，籌碼越來越少也同樣會影響市場行情，雖然很多波爾多頂級酒莊每個年分在出廠時可能多達數萬箱，但是在數十年與上百年的時間裡，大部分都被缺乏耐心的人開瓶喝掉了。因此，市場的籌碼越來越少，只要酒的品質沒有走下坡，就會有上漲的空間。至於布根地頂尖酒莊的特級葡萄園，多則幾百箱，少則僅數十箱，稀有度就更高了。

不過，雖然買葡萄酒確實有可能賺錢，但實際的情況是，即使沒有保存期限，大部分的葡萄酒也很難保存超過十年以上，全球市場上屬於耐久型的葡萄酒本就不多，如果保存的條件不當，再耐久存的酒都撐不過兩、三年。因為葡萄酒大多用軟木塞封瓶，而軟木塞出現感染讓酒質變壞的比例更高達百分之二到五。更危險的是葡萄酒總是會走自己的路，年輕時看起來潛力無窮的年分，也有可能像一九八九年的布根地紅酒，雖然一開始酒價高檔創紀錄，但很快就後繼無力。除此之外，耐久的葡萄酒也並不一定保值，許多貴腐甜酒或加烈酒，即使真的很耐放，但是因為全球葡萄酒品味和喜好的改變，例如許多半世紀以上的雪莉老酒，也不見得有多值錢。如果把利息支出一起估算，肯定是要慘賠。

如果，你真的相信自己對於葡萄酒有獨到的眼光，或者，你只買波爾多五大這些所謂可長期持有的績優股，那還要剛好住在倫敦或巴黎這些經常有葡萄酒拍賣的城市，才可以很容易地將葡萄酒脫手變現。更麻煩的是，除非真的收藏了稀有且單瓶價值數萬的名酒，不然，在拍賣場上通常是以箱為單位的，如果真的要投資，買酒必須成箱購買，這似乎不是一般人玩的遊戲。

如果把所有的風險變數全部加起來，喝葡萄酒賺錢，真的比不上投資股票或政府公債。但是，即使這僅只是理論上的事，卻可以在數年後，當品嘗精心挑選、價格已經高漲的葡萄酒時，安慰自己錢並沒有白花，並且說服自己，該是再買些新酒的時候了。畢竟，到那時，小孩雖然不用再喝牛奶包尿布，但是，補習費卻肯定更是驚人。

1982
Grand Cru
45
GARRAF. ATKIN.
QTA.

## 關於尺寸

每年總有好幾回，由不同的單位輪流公布全球尺寸調查，這樣的題材，台灣的媒體自然是有聞必報。每回，在分析完各國的長短之後，總會有泌尿科醫師出現在螢光幕前一再強調，大小，其實並無關幸福。但是，我總是納悶，如果真的沒有關係，那又為何有那麼多的調查要不斷地繞著那塊肉的尺寸大做文章呢？

葡萄酒也有尺寸的問題，大小當然有關係，只是並非是越大越好，小有小的妙處，大也有大的優點。不過，葡萄酒瓶的大小並非伸縮自如，而是有一定的尺寸規格，大約有十多個。其中最常見的標準瓶是七五〇毫升容量，現在，大部分的葡萄酒都是這個容量。但是，為何是七五〇毫升，而不是像大部分烈酒的七〇〇毫升或一公升呢？

葡萄酒的起源很悠遠，但是在歷史上，大部分的時候不是裝在希臘的雙耳陶瓶，就是裝在橡木桶裡運輸和銷售。以玻璃瓶當容器的葡萄酒是十七世紀才開始普遍起來的。當玻璃瓶還是人工吹製的時代，每一瓶酒的容量大約七〇〇毫升左右，大約是一個玻璃工人吹一口氣所吹出的瓶子大小，並沒有非常明確的統一容量，各地也多少有些不同。一直到一九七〇年，歐盟建立葡萄酒瓶標準時設定為七五〇毫升，這個容量後來便成為葡萄酒的國際標準尺寸。

比標準瓶小的有五個尺寸，最常見的是三七五毫升的半瓶裝，對酒量不大、或想試多種不同酒款、或剛好一個人用餐時，這樣的尺寸剛剛好。半瓶裝的葡萄酒價格通常已經接近標準瓶的三分之二，但是葡萄酒跟烈酒不同，開瓶之後很快就會壞掉，喝不完的，都是浪費，所以半瓶裝還是有存在價值。五〇〇毫升是比較晚近才出現的容量，主要是因為一瓶太多半瓶太少而有的折衷辦法，不過並不是非常普遍，甜酒因為每個人一次喝的量不多，比較常會有半公升裝的。

無論是半瓶或半公升裝的葡萄酒，瓶口與軟木塞的大小跟標準瓶沒有差太多，但酒的容量卻比較少，相對地，酒裡滲入的氧氣就比較多，在儲存的過程有成熟比較快以及較不易保存的現象。如果是特意想要久藏之後再喝的珍釀，最好還是避免買半瓶裝的，除非是像上好年分的伊更堡、阿爾薩斯產的選粒貴腐甜酒SGN以及德國的TBA等等，這些酒產量少，酒極濃縮，而且成熟的速度非常緩慢，除非是在人多的特別場合品嘗，否則買半瓶裝反而更合適。

比半瓶更小一號的是二〇〇毫升，大多用於量少昂貴的加拿大冰酒。另外比較普遍的是一八七毫升，又稱為四分之一瓶，這樣的葡萄酒最常出現在飛機上，因為尺寸太小，只能用金屬旋轉蓋封瓶，除了少數的香檳外，裝在這樣瓶子裡的大多是產量大的平價酒款，適合早喝，不宜久放。至於超迷你的五〇毫升則是最近才出現的牙籤級尺寸，幾乎只有加拿大冰酒

RIDGE 2000
CALIFORNIA
MONTE BELLO
BELLO VINEYARD: 75% CABERNET
MERLOT, 2% CABERNET FRANC
CRUZ MOUNTAINS
BOTTLED BY RIDGE VINEYARDS
MONTE BELLO ROAD, BOX 1810,

採用這樣的瓶子，剛好一瓶等於一小杯的品嘗用容量。

比標準瓶大的尺寸則大多是以七五〇毫升的偶數倍數計算，最常見的是兩瓶一・五公升的Magnum。兩瓶裝的葡萄酒比標準瓶更適合用來保存葡萄酒，是許多收藏家的最愛，不過因為裝瓶的成本比較貴，購買兩瓶裝以上的葡萄酒通常都會比直接買同容量的標準瓶來得昂貴。當然，如果是精彩的陳年佳釀，一瓶Magnum的價格也會超過兩瓶同年分的標準瓶的總和。

幾乎所有香檳廠都說在Magnum瓶中進行瓶中二次發酵的香檳品質最好，所以如果人多需要兩瓶以上的香檳，可以優先考慮買Magnum。雖然香檳的尺寸有十種之多，但是一般香檳廠用來進行瓶中二次發酵的瓶型卻僅有兩種，除了標準瓶就只有Magnum，其他尺寸的香檳都不是用原瓶進行瓶中二次發酵，而是最後才分裝。所以，除非刻意要拿大尺寸來炫耀，不然七五〇毫升和一・五公升才是香檳行家的首選尺寸，其他太大、太小的都不是王道。

不過，如果是一般的非氣泡酒，超大尺寸的葡萄酒卻可以滿足收藏家們集誇耀與品味於一身的熱切需求。比較少見的三瓶裝尺寸在波爾多稱為Marie-Jeanne，四瓶裝的在當地叫double Magnum（兩倍的兩瓶裝），在香檳和布根地則命名為Jéroboam。不過，常讓人混淆的是在波爾多這個名字卻是保留給四・五公升、六瓶裝的酒，而在布根地與香檳卻又將六瓶裝稱為Rehoboam。在波爾多，尺碼最大的是八瓶裝、六公升的Impériale，同樣的尺寸在布根地與香檳稱為Methuselah。再上去還有十二瓶裝的Salmanazar、十六瓶裝的Balthazar，以及二十瓶裝的Nebuchadnezzar。

我不是基督徒，他們告訴我這些尺寸的名字有很多都是舊約裡的國王，難怪我老是背不起來這些尺寸屬大砲級的葡萄酒，只是，沒有人可以告訴我，葡萄酒的尺寸為什麼跟這些國王們有關，難道他們之間也有尺寸的差別？

．進行瓶中二次發酵的兩瓶裝香檳。

## 無國界葡萄酒

在古典價值解體，流行當道的時代，每一家法國酒莊都面臨了一個新課題——要繼續擁抱祖先留下的珍貴土地和傳統，還是要拚命追趕上國際主流風格的潮流。現在又出現了無國界葡萄酒，法國葡萄酒的國家認同是否也要出現危機了？

現在，最謙虛的釀酒師都會自認為是土地的僕人，僅僅是忠實地讓葡萄酒反映出土地和年分的特色，外面的世局怎麼變都不會影響酒的原本風貌。其實，當酒莊擁有絕佳的葡萄園時，僅僅需要如僕人般低調無語的釀酒師，無需太多技巧，直接讓土地表現自己就可以釀成最精彩難得的佳釀。也許受到太多法國的影響，我總覺得，最珍貴的葡萄酒莫過於此了，因為即使釀酒的技術再高超，投入再多的成本釀酒，這些特殊的風味卻是無法再造仿製的。

但也有許多釀酒師喜歡自比為廚房裡的主廚，認為是以葡萄為材料，透過釀酒技術的運用，在釀造出美味葡萄酒的同時，也讓自己的風格透過葡萄酒彰顯出來。釀酒師可以掌握玩弄的元素很多，例如釀造時可決定多加一點卡本內蘇維濃讓酒的顏色深一點，有更堅實的架構；或者加一些年輕葡萄樹產的梅洛，為酒增添可愛的紅莓果香；或者選用重火焙烤的橡木桶來培養，為葡萄酒帶出咖啡和巧克力的煙燻香氣。當釀酒師可以掌控的元素越來越多時，他也可以開始針對市場需要來打造現下最流行走紅的葡萄酒。

不過，和廚師不同的是，釀酒師即使有名廚般的手藝，但也只能以新鮮的葡萄為材料，特別是那些獨立酒莊的釀酒師，甚至只能用自家的葡萄釀酒，無法像主廚們那般自由地在同一盤菜裡玩弄來自全球各地的頂尖食材。這樣的限制讓美食界裡的無國界風潮一直燒不到葡萄酒界裡來。混合多國葡萄酒的情況當然也有，不過幾乎都是品質平庸的廉價酒款，少有人敢大聲張揚。

最近幾年，總算有人喊出了無國界葡萄酒（Vin sans frontières）的口號，而且還是產自法國。這家標榜生產新世界風味葡萄酒的酒廠座落在法國南部，除了產地區餐酒（Vin de Pays）外，連標榜地方風味的法定產區（AOC）葡萄酒也照樣生產。雖然釀成的酒略帶一點法國南部口音，但卻是十足的無國界風格，即使用的全是法國的葡萄，並沒有如一開始的計畫那般加入其他國家的葡萄酒、以日常餐酒（Vin de Table）等級銷售，但是喝起來卻跟很多地方的葡萄酒很像。就像這瓶Sacha Lichine調配出的Cabernet-Merlot，大量的、甜熟的紅色莓果香氣不斷地自杯中溢出，有豐滿的酒精和非常節制的單寧，果然是走國際主流的大眾酒款，簡單流暢，太特別的地方特色都盡可能地遮蓋起來。其實，在法國的隆格多克地區（Languedoc）多的是這樣的葡萄酒，選擇國際流行的葡萄品種，將目標指向只重好喝不在意地方風味的國際風葡萄酒。七〇年代，Skalli公司以Fortant de France廠牌大發利市後，已經引來許許多多的投資者。

·Telmo Rrodiguez的Toro紅酒。

g
GAGO

無論如何，即使有那麼多向新世界靠攏的葡萄酒，法國卻還一直是最講究土地認同的葡萄酒產國，也因此成為地球上最保守封建的葡萄酒堡壘。葡萄酒在法國人的心目中也一直都是terroir產品的代表。「terroir」是法文中獨有的字，意思是指一個地方有獨特的自然環境和歷史傳統，可以生產出風味獨特的美食特產，有點類似中文的風土概念，其珍貴之處在於這樣的風味是別處無法模仿再造的。在這世上，除了此地，絕無僅有。有潛力的terroir確實到處都有，遍及世界各地，但是出產的酒要能成為經典、形成傳統，卻不是那麼隨意可成，也絕不是有志者事竟成，如果條件不好，再多的努力都可能成為白費心力。常常是歷史與自然的意外和巧合加上時間的推演變化，才讓許多葡萄酒名產區成為珍貴難得的寶地。

全球化風潮跨國界而來，好似無人能擋，全球各地的葡萄酒風格正快速地變得越來越類似。也許有一天，我們也不會在意這些無國界的葡萄酒是來自什麼地方。有趣的是，在大家爭相以世界公民自居的時代，對於生長土地的認同需要卻也同時變得更為急迫。就如同歐洲逐漸統合的同時，地區性的文化卻更顯重要與意義深長。國際風葡萄酒的盛行，現在也正開始逼得酒廠們要更努力地去找尋土地的根源，以便標誌出自己的獨特性來。國家和土地的認同最終還是要被找回來。

## 遍地葡萄酒泉的國度

「按當時猶太人的習俗，他們在門口擺放了六口石缸……，耶穌就叫傭人把水舀入水缸，然後再舀出來，水就變成了上好的美酒……。」這是耶穌的第一個神蹟，將水變成酒。但如果是生在現在的法國、義大利和西班牙，其實並不太需要麻煩耶穌，因為在這些地方，葡萄酒可以和水一樣便宜。

法、義、西是全世界葡萄酒產量最大的三個國家，每年一共生產全球一半以上產量、一百三十多億公升、約近一百八十億瓶的葡萄酒。其中，法國更是全球最大的葡萄酒消費國，老老少少加起來也不過六千多萬人口，每年卻要喝掉三十八億瓶的葡萄酒，平均一個人一年就要喝完六十九瓶葡萄酒。法國的法律規定年滿十八歲才可以喝酒，如果假設法國的年輕人都很守規矩，那麼，法國的成年人平均每年要喝八十五瓶七五〇毫升的葡萄酒，數量之高，確實驚人，因為那等於是將近八公升的百分之百純酒精，難道浪漫的法國印象，是靠葡萄酒裡的酒精醉醺醺地建立起來的？

不過，如果跟五十年前的法國人比起來，現在的法國人已經算相當節制了，在六〇年代末期，大人和小孩全加起來，法國平均一個人一年要喝一百五十瓶的葡萄酒，也就是說當時一個四個人的家庭一年平均要喝六百瓶，等於五十打的葡萄酒。可見，在法國這個許多人眼中的葡萄酒樂土裡，人們似乎把葡萄酒當成跟水一般的止渴飲料。在傳統的法蘭西生活之中，葡萄酒跟乳酪以及麵包一樣，幾乎是每餐必備，餐桌上可以沒有水，但絕不能少了葡萄酒。因為屬於日常需求的佐餐飲料，葡萄酒的價格自然也一樣是家常的水準，在法國，高檔一點的礦泉水常常要貴過散裝的廉價葡萄酒。根據二〇〇五年的統計資料，一瓶七五〇毫升的葡萄酒在法國零售市場上的含稅平均價格只有二．一歐元。

雖然全世界最貴的葡萄酒產自法國，也擁有全球最多生產頂級葡萄酒的產區，但是，法國也生產更多可口好喝、年輕早熟的廉價日常餐酒。因為即使平常只喝一瓶兩、三歐元的葡萄酒，對一般家庭來說，一年累積數百瓶的葡萄酒錢也是一筆很大的開銷，只有在過年過節之類的特殊日子，才會輪到精彩的稀有珍釀上場。有人嫌法國人平日喝的酒清淡無味，其實，那正是家常佐餐葡萄酒該有的特色，不適合裝腔作勢的精英品嘗，但是一定要簡單好喝，而且止渴配菜。屬於法式美好生活（Que la vie est belle!）裡，絕對不能少的那一杯。

很多人把法國葡萄酒全想成昂價的頂級葡萄酒，其實真的大錯特錯了。這大概跟想像法國人每天吃鵝肝和黑松露裹腹一樣不切實際。但是，很不幸的是，法國葡萄酒因為頂級酒的知名度太高，使得大部分非西歐地區國家裡，還是有很多人認為法國葡萄酒高不可攀。但是，實際的情況卻是，近二十年來釀酒品質大幅提升，法國人喝得越來越少，卻也喝得越來越精緻；但還是有一半以上的法國葡萄酒是屬於簡單可口、適合在兩、三年內喝完的清淡型葡萄酒，而且拜生產過剩所賜，即使頂級酒已經翻漲了許多倍，大部分法國葡萄酒的價格幾十年來還是非常便宜。這樣的情況在西班牙與義大利更是明顯。

不僅品級較低的日常餐酒（Vin de Table）和地區餐酒（Vin de Pays）是如此，連許多產量大的法定產區（AOC）等級的葡萄酒，像Bordeaux、Muscadet、Côtes du Rhône、Gamay de Touraine和Coteaux du Languedoc等等也一樣全都可以廉價供應。

全球化之後的葡萄酒市場競爭，讓法國很多這種風格偏清淡的葡萄酒即使價格更便宜，也無法跟澳洲、加州、南非甚至智利與阿根廷的葡萄酒比濃度，但是，如果你跟我一樣把葡萄酒當成佐餐酒，你會發現，濃度常常是一瓶葡萄酒配菜的阻礙。清淡與順口對一瓶頂級葡萄酒也許是一個致命的缺點，但卻是日常佐餐酒必備的優點。太濃的酒也許給了我們分量，但是卻離我們的餐桌越來越遠，除非，你每天吃的全都是塗滿BBQ醬的肋排、擠入許多ketchup的漢堡包，或是肥滋滋的紅燒蹄膀。

或許，現在正是花少一點錢，喝口味淡爽的葡萄酒的最佳時候了。

・屬於義大利甜蜜生活（dolce vita）裡，絕對不能少的那一杯，會是什麼樣的酒呢？

ENOTECA
DI
PIAZZA
BIONDI

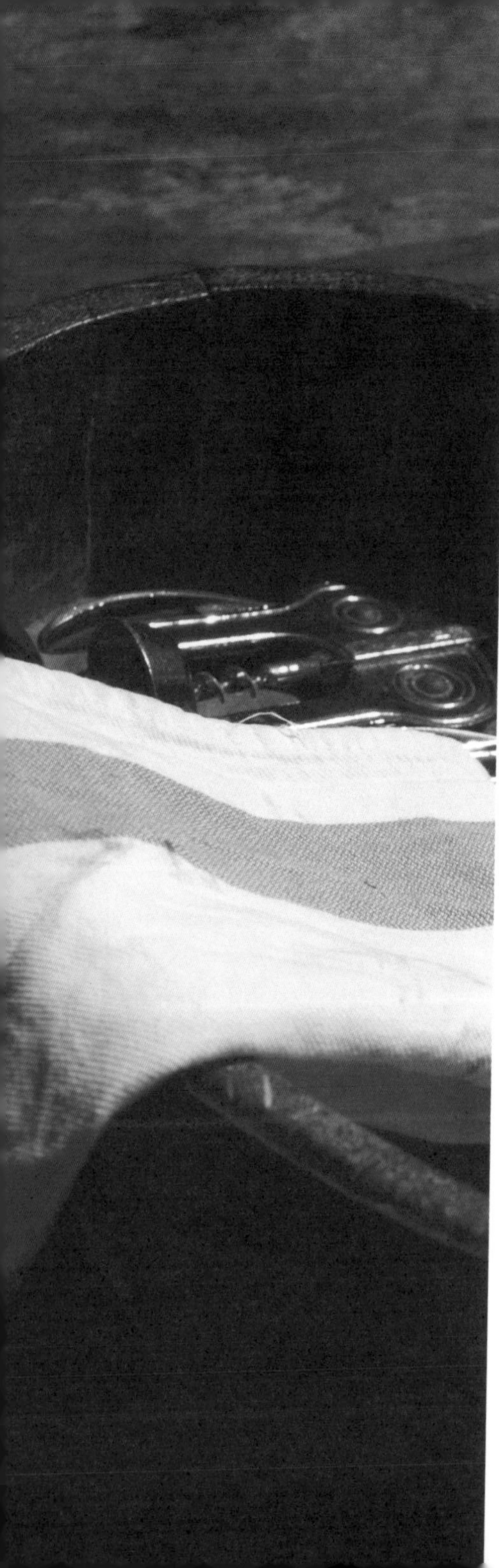

Part 2

# 開瓶之後

把葡萄酒倒進杯裡，就像打開一本沒有文字和圖片的書，或者，像按下play鍵看一部沒有影音的電影，進入葡萄酒世界的唯一門檻，不過就是將味道與香氣當成是用鼻子、嘴巴閱讀和聆聽的文本。

# 品嘗

## 五彩葡萄酒

在等待剪髮之前，我好奇地翻了一下染髮劑的色表，這本只有四頁的小冊子一開始看起來像是木質地板的型錄，有霧棕柚木、柔幻栗紅和炫亮銅棕，但往下看卻變得像是咖啡館的飲料單，有蘭姆咖啡和卡布奇諾，而且在隔壁一行還有金黃脆餅色可以選。但翻到紅色系的時候，卻又突然像是飯店裡的葡萄酒單，有波爾多紅、布根地紅和薄酒來紅。我努力地思索著，如果頂著一頭薄酒來紫紅的髮色，坐在Café Flo的紅絨軟墊靠椅上，即使不點杯輕柔可口的薄酒來紅酒，那髮色應該已經很配餐盤裡的紅酒燉公雞了。

葡萄酒雖然只分成紅、白和粉紅酒三種，但是，葡萄酒的顏色卻隨著葡萄品種、產區和釀造方法的不同有著千萬的變化，而且，跟我們隨著年齡日顯蒼白的髮色一般，葡萄酒色也隨著酒齡逐年顯露老態。在葡萄酒的國度裡，顏色，其實也深藏著非常多的味覺意義，值得我們仔細地「察顏觀色」。

除了少數的紅汁葡萄品種之外，無論黑葡萄或是白葡萄，葡萄汁大都是透明無色的，用黑葡萄也一樣能釀出白酒來。紅酒的顏色來自釀造時的泡皮過程，黑葡萄品種的皮裡含有許多稱為anthocyanin的紅、藍與紫色色素，這些色素在發酵泡皮的過程溶入葡萄汁中，讓最後釀成的葡萄酒成為帶有紫紅顏色的紅酒。如果僅進行數小時的短暫泡皮，釀成的便是顏色很淡的粉紅酒。

通常，當葡萄越成熟時，不僅糖分越高，葡萄皮的顏色也越深，也越容易萃取，特別是受到日照的葡萄果實，皮的顏色更是深黑，釀成的葡萄酒除了酒精濃度高，酒色也會特別深。即使有許多例外，但濃黑顏色的葡萄酒常意味著有特別濃厚的口感。紅酒的色調也深受酸味的影響，酸味越高的紅酒顏色越顯鮮紅。葡萄皮中除了紅色素，也含有帶澀味的單寧，就像泡L牌的紅茶包一樣，浸泡的時間越長，顏色會越深，同時單寧的澀味也越重，於是，顏色深的葡萄酒除了濃重之外，也常意味著帶有更多的澀味。

顏色雖然和釀造法有關，但是葡萄本身更是關鍵，品種之間的顏色就差距很大，卡本內蘇維濃、希哈、梅洛等品種顏色通常特別深黑偏藍紫，黑皮諾和格那希的顏色就比較淺，且偏橘紅。anthocyanin是酚類物質，會彼此凝聚成為較大的分子，最後沉澱成為酒渣，這個現象也使得紅酒在陳年的過程中，因為紅色素減少而顏色逐漸轉淡。紅酒中的單寧隨著陳年的氧化過程變得越來越柔和，而且氧化也讓單寧由無色轉為紅褐色，將紅色素日漸減少的紅酒由紫紅色調變成褐紅和橘紅色，到了老年期經常只剩下淡淡的磚紅色。有些波特紅酒，經過數十年的橡木桶培養之後，顏色甚至會淡到接近琥珀色，甚至帶點橄欖綠的反光，和陳年的老白酒有著相同的顏色。

白酒的釀造採直接榨汁，除非用的是灰皮諾或格烏茲塔明那（Gewürztraminer）這些帶粉

·布根地紅。

．有著鮮麗珠光亮彩的黑皮諾。

紅顏色的葡萄品種，不然葡萄的成熟度或品種對酒色的影響並不像紅酒那般有著戲劇性的差異。但是，不同釀造法和酒齡卻讓白酒在顏色上有著非常多的細微變化。干白酒的顏色通常比較淺，剛釀成時幾乎透明，淡淡的黃色泛著綠光，看起來明亮清新，除非變質，否則白酒的顏色絕不是白的，頂多是透明無色。但隨著氧化和酒齡的增加，白酒的顏色會逐漸加深變黃，綠色卻會逐漸消失。在橡木桶中發酵與培養過的白酒，因為氧化，而且吸納一小部分木桶中的單寧，顏色總會比在不鏽鋼桶中釀造的白酒還深，年輕時就常顯出金黃色調來。甜白酒因為採用遲摘、風乾或感染貴腐黴的葡萄，顏色最深，常呈金黃色或麥桿色，陳年後常變為老金色、琥珀色或黃銅色。有些加烈白酒，像雪莉酒中的Oloroso，因為橡木桶培養的時間非常長，氧化程度非常高，酒色甚至會如黑巧克力般呈現驚人的棕黑色澤。

葡萄酒的顏色雖然在喝之前給了我們許多暗示，但是，酒色卻也如色相一般，最常讓人迷幻誤解。比如說，即使大部分傳統耐久放的頂級紅酒大多有著深黑的顏色，但是又深又濃的酒色，除了可能較濃，卻無關品質。大部分的人都瞭解這樣的簡單邏輯概念，但在心理上，卻又難以避免地對顏色深的葡萄酒特別地著迷。昌明的釀酒科技讓紅葡萄酒的顏色跟我們的髮色一般，變得越來越隨心所欲。現在，我們的街頭有越來越多染著金褐色頭髮的東方男女，而葡萄酒店裡的紅葡萄酒顏色也一瓶比一瓶還深黑不見底，何時，我們才能找回葡萄酒原有的本色呢？

## 有很多條腿的葡萄酒

人稱秀色可餐，白話一點，就是用眼睛吃冰淇淋！即便是吃不到，也可以過過乾癮。品嘗葡萄酒也可以是秀色可「飲」嗎？即使聞不到或喝不到，光用看的，就能過足喝酒的乾癮嗎？

有些葡萄酒的顏色總是特別迷人。

成熟的貴腐甜酒，閃著金黃亮光的琥珀色調，光用看的就能感受到酒的甜熟溫潤與脂腴肥美，一派奢華的享樂格局。

如晚霞般顏色的粉紅香檳也很迷人，淡鮭魚紅配上珠玉般閃亮的細緻氣泡，快速上升的節奏，有著很曼妙、極挑逗人的視覺效果。

還有那些年輕的布根地紅酒，年輕新鮮的正櫻桃紅色，好像迷人的紅果香氣全要從酒杯滿溢出來似地熱鬧繽紛。

也有那帶著一抹青綠色調的年輕干白酒，伴著杯壁上凝結的沁涼水珠，昭告了酒中爽口的酸味，讓人禁不住要口水直冒。

只是，光是用看的，恐怕不僅止不了渴，還會讓人更加口渴。

葡萄酒多彩多姿的顏色變換除了可以是美感的表現，但也同樣可以是理性觀察的重點，

・葡萄酒真的能夠「看」出端倪來。

· Château Latour 提供

不論是產區、年分或是品種，甚至釀造的方法，都會透過酒的顏色露出端倪來，特別是葡萄酒的色調並非亙固不變，而是無時無刻地隨著時間轉換，明白無情地顯露出葡萄酒的年齡和健康狀況。顏色已經變成暗淡橘紅的波爾多紅酒如果不是陳年老酒，那肯定是早已氧化壞掉了。

除了顏色，資深的酒迷還懂得傾斜酒杯，從酒緣的寬窄來分辨顏色濃稀的細部變化。將酒杯傾斜，觀察葡萄酒與酒杯接觸的地方，那一圈淡淡水水的酒緣如果很窄，若非很年輕的酒，就很可能是瓶強勁濃厚的葡萄酒，對於紅酒尤其明顯。也有人講究酒是否清澈，也有人在意酒的顏色是否明亮活潑、有沒有遲滯深沉的老酒跡象。

除了這些或深或淺、或紅或紫的美麗色調，葡萄酒的濃度也一樣可用眼睛看出端倪。當輕搖酒杯，酒香開始散發出來之際，旋晃過的葡萄酒會在酒杯的內壁上留下一條條的酒痕來，多愁善感的人可能會將此聯想成條條的淚痕，在法文中，眼淚（larme）確實常被用來當液體的計量單位，例如食譜書上會提到最後要在煎好的魚上加一「眼淚」的特級橄欖油，或是在沙拉裡加進一「眼淚」特級陳年的巴薩米克醋。法國人確實也用眼淚來形容酒杯上的酒痕，但他們更常用腿（jambe）來稱謂這些因為表面張力而暫留在杯壁上的痕跡。

這些酒杯上長出的「腿」越多，越密，越粗，越長，越持久，就代表酒含有越多的酒精、甘油或是糖分，葡萄酒的濃度就越濃越甜美。法國有句成語說「讓腿喝葡萄酒」（faire jambes de vin），意思是說喝點葡萄酒好有力氣走路。那是不是「喝腿補腿」，腿越多的酒，因為酒精多，也比較濃，可以讓腿更有力氣走路？

許多人喝酒時習慣將葡萄酒依照體型分類，大號的叫full body、中號的叫medium body，分法其實也很簡單，就是酒精、甘油或是糖分越多的就越大號，因為喝起來肯定越濃越厚。所以光看這些「腿」，肯定是越多就是越大號。

可是為什麼是腿呢？我的品酒課老師大概覺得我是愛找碴的外國學生，兩手一攤說，大概是樣子像腿吧！不過這位來自法國北部的葡萄酒專家顯然不太希望學生們把品酒的時間花在看這些「腿」的粗細上。他說，因為是和表面張力有關，所以杯子的材質以及清洗的方式，或是玻璃表面是否有沾到油脂等等，都會影響這些「腿」的表現，變數太多，容易造成誤解，不是很準確，總之，還是要用喝的才行。

真的不用看看這些腿啊！那如果是一模一樣的杯子呢？他提高聲調說：重點是你即使看出了哪一瓶酒的酒精比較多，或是哪一瓶的甜度比較高，那又如何！難道酒精多的就比較好？果然這下專家生氣了，這位北法葡萄酒的擁護者，大概瞧不起那些產自南部、高酒精濃度、「腿」很多的濃厚紅酒吧！我心裡這樣想。

# 喝與吐之間

「最後，你必須把葡萄酒吐掉！」

這是一九九三年我在葡萄酒大學上品酒課學到的第一件事。多年來，與其說我喝了上萬種葡萄酒，不如說我將其中大部分全都吐掉了，真的喝下肚子的其實少之又少，我想，十瓶裡不到一瓶吧！常有人非常禮貌且客套地稱我因為喝很多葡萄酒而保持青春，其實，從任何角度想都與事實不相符。

我的酒量不好，各式各樣的葡萄酒品嘗會少則十多款，多則數百款，即使每一種都品嘗一口，到了最後絕對無法維持清晰的腦袋，更別說要為品嘗的葡萄酒記下客觀的評價。這應該算是一個葡萄酒作家最悲哀的宿命，特別是當品嘗到美味的精彩名釀，卻又必須活生生地把酒吐掉時，實在是一種折磨。連著吐掉一九八八、一九八九和一九九〇三個頂尖年分的伊更堡，就好像約會時才剛完成前戲，卻要讓對方趕快把衣服穿上，自己搭計程車回家。我到底是在幹嘛！難道是對葡萄酒性冷感嗎？我總不免要這樣自問。

所以，喝葡萄酒跟治國一樣，也是「不患寡而患不均」，但好酒偏偏經常都擠著一起出現，讓我非得一一狠心吐掉不可。我的第一次稱得上是震撼教育的經驗是二十多年前在波爾多的貝沙克–雷奧良，他們將十個年分的Ch. Laville Haut Brion，排在各十個年分的Ch. La

Mission Haut Brion等其他十家頂尖貝沙克—雷奧良頂尖紅酒之前。如果有選擇，我寧可花一個晚上，慢慢地只品嘗一瓶一九八九年的Ch. Laville Haut Brion，仔細地欣賞每一個階段的精彩變化，而不是在一個下午像漱一百次口一般，品嘗一輪這上百款的好酒，這裡的每一瓶，都值得一個夜晚。最慘的是，我知道我別無選擇。

當然，也常會有許多時刻，我會非常慶幸不用把難以入喉的酒喝下，即使很從容地在酒莊主面前把他釀的酒吐掉也不會顯得失禮。葡萄酒的感官分析在酒停留在嘴巴之間已經完成，是否喝下不影響對一瓶酒的感受，即使把酒吐掉，殘餘的酒也足夠測試酒的餘香和餘味的表現。意思是說，除了酗酒的人之外，有沒有把酒喝下，似乎完全不會影響感官的滿足。不過，我相信吞嚥是人類與生俱來，最根本內在的動物性慾望，把到口的肥肉吐掉，難免要有深深的失落感。

Jancis Robinson說，在大眾面前吐酒是每一個葡萄酒品嘗家必須學習的第一件事。這確實是屬於品酒師的一項雜技，雖然在專業的品酒會上，大部分的人也一樣會因為諸多理由，如避免酒後駕車等，將品嘗過的酒吐掉，但是，不會吐酒，就無法成為品酒師。這是別無選擇的，也無關酒量。總之，絕對不是只有我要被訓練來受這樣的折磨。

吐酒看似容易，但是，曾經在拜訪一家布根地酒莊時，莊主告訴我他如何從吐酒的方式看出來訪的是否為資深專業品酒人，一聽到這話，吐酒技術不佳的我，差點將口中的黑皮諾噴濺出來。在布根地如果進行的是桶邊試飲，通常酒莊都不會特別準備吐酒桶，而是直接吐到橡木桶之間的泥土地板上，品酒師不用低頭，噘起嘴，力道適中地吐出的葡萄酒就像男生噓噓時一樣，呈現出一道細長俐落的弧線，穩穩地落在目標上。只要用力稍微太猛或噘嘴的角度有些微的偏差，酒就會噴散開來污髒了儲酒用的橡木桶。我不得不承認，品酒師的嘴巴不僅是容器，而且還是排泄器官。

除了在酒窖裡，一個正式認真的品酒會，吐酒桶絕對是必備的品酒配件。只要開口夠大的容器都很適合，不容易噴濺開來是另外的需求，最好裡面放一些木屑或是吸水的紙片之類的東西。吐酒技術不佳的人常會因為臉離吐酒桶太近，而被激起的吐酒汁噴得滿臉。紅酒中的單寧、紅色素這些酚類物質，和含有許多蛋白質的口水結合之後，會在吐酒桶裡產生灰黑色的凝結，混著唾液的白色泡沫漂浮在紅褐液體的表面，不管之前是Le Pin還是Romanée Conti，應該很少有人會想要被這樣的液體噴到。

唯有一個時刻，品酒師不用、也不能再吐酒了。到了用餐的時刻，總算不需再用吐酒來表現自己的理智和節制，而可以像熱帶美洲的吸血蝙蝠享用馬匹身上美味溫熱的鮮血那般，幸福滿足地喝下杯裡的每一口紅酒。

## 換不換？有關係！

喝葡萄酒，除了耐心等待，有些時候，也該有玩捉迷藏的興致。

酒一買回來就躺在控溫酒櫃裡了，等待了幾年之後，在喝的前一天讓酒直立起來，開瓶前還讓酒溫緩慢地升到十八度，開瓶後謹慎地將酒倒入最適當的葡萄酒杯裡，但是，酒的香味卻還完全封閉著，即使努力搖晃杯子，也只有冒出一點點混合著木頭和石墨的沉悶香氣，喝起來嚴肅剛直，一點都不迷人。這確實很讓人失望，而且，往往越高級昂貴的酒越想和我們玩捉迷藏的遊戲，這時除了用「這酒很有潛力，但是，也許還要再等幾年」這樣的話來安慰自己之外，也許可以試試為封閉的葡萄酒「換瓶」（décanter）醒酒，把封閉的葡萄酒弄醒，硬是把酒的美好找出來。

很多人相信在喝葡萄酒之前的幾個小時將酒打開，可以讓酒變得比較好喝，中文很有創意地將此稱為醒酒，好像葡萄酒睡著了，要把它們喚醒才會好喝。其實，醒酒只是讓酒接觸空氣，好讓香氣散發出來，或除掉一些可能存在的還原怪味罷了。但是單單只是開瓶，在狹窄的瓶口空間中，葡萄酒和空氣接觸的面積非常小，即使提早幾個小時，對整瓶酒來說，能產生的影響事實上相當有限。如果真的要讓酒有些改變，要跟空氣有更多的接觸，那就必須要進行「換瓶」。

．波爾多式的換瓶。

換瓶其實很簡單，就是將開瓶後的葡萄酒倒入醒酒瓶中。醒酒瓶通常有比較寬的腰身，可以讓葡萄酒與空氣接觸的面積大增，以方便達到預期的目的。另外，在將酒倒入瓶中的過程，葡萄酒沿著瓶壁流入瓶底，更增加與空氣混合的機會，所以，換瓶對葡萄酒所做的並不只是喚醒，而是用力的把它搖醒。對於一瓶還太年輕、口感堅澀的紅酒來說，理論上換瓶可以讓它的單寧因為氧化而變得比較不那麼強烈，喝起來比較協調一點。

不過，在實際的經驗上並不全然是正面的，確實很多酒提早幾小時換瓶可以變得更美味，但是有些時候原本已經很稀微的香氣卻也可能完全消失無蹤，甚至可能因為醒酒過度而使得酒的口味失去均衡。也因此，該不該換瓶，至今還一直是葡萄酒專家們爭論的主題，沒有共同的看法。有些人主張任何酒都要換瓶，但是也有人認為直接在酒杯中讓葡萄酒和空氣接觸即可，換瓶只是為了好看而不是為了好喝。

其實，換瓶最早的目的主要是為了去掉葡萄酒裡沉澱的酒渣。一瓶陳年的葡萄酒常常會有由單寧、紅色素等物質聚合產生的酒渣沉積在瓶中。這些物質雖然無害，卻會讓酒渾濁，而且摻雜著碎屑的葡萄酒喝起來也不太舒服。除酒渣的換瓶比較麻煩，必須至少在二十四小時前讓酒由平躺變成直立，開瓶後，將酒緩慢且不間斷地倒入醒酒瓶中，以免酒的流動又激起沉澱物，換瓶時在酒瓶下準備蠟燭或手電筒，這樣瓶頸一出現酒渣時就能適時地停止。

但是，問題來了，陳酒通常比較脆弱，很容易氧化，經過這麼激烈的換瓶過程，很容易

·二〇〇三年的Ribera del Duero如果不提早一點換瓶，應該很難入口吧！

2003

讓珍貴的陳年酒香就此散失，甚至連口感都會因而變乾瘦失去均衡。所以遇到老酒換瓶，一定是要在品嘗前才開瓶，馬上換瓶後盡快倒入杯中品嘗。而且最好選用底部比較窄、高瘦一點的醒酒瓶。這一點，倒是大部分人的看法都一致，只是有人認為與其要冒著讓老酒受害的風險，不如不要換瓶忍耐喝點酒渣。

換瓶的爭議，多少是許多人心痛的代價和意外的收穫換來的，曾經讓我心痛過的是Leroy酒莊一九八八年產量極少的Romanée Saint Vivant，開瓶時的櫻桃酒與紅茶香氣，僅只是換瓶後再倒進酒杯裡，就全然消失無蹤了。望著那瓶已毫無香氣的昂貴液體等待了一小時、兩小時、三小時……直到隔天，最後，不得不承認酒已逝去。如果，我直接倒進酒杯裡，至少還可以把握到最初的香氣。

但是，一九九四年分Château Ferrière卻又曾經給我意外的驚喜。開瓶之後完全沒有香味，倒進醒酒瓶裡等了一個晚上還是沒有任何改變，只好開了Joblot酒莊一九九六年分、水果香氣橫溢的Clos de Celliers aux Moines。但是，隔天一早醒來，廚房裡迷漫著高雅的卡本內蘇維濃香氣，沒錯，Château Ferrière醒來了。

葡萄酒總有它自己表達的方式，不是我們可以全然操縱控制的。如果有人問我「要換瓶嗎？」我會很誠心地告訴他：「請擲銅板決定吧！」

LES TERRASSES
FINCA DOFI
L'ERMITA

## 矇瓶試飲

在廣告與行銷決定需求和價值的時代，名實是否相符似乎已經不是一件很重要的事了。至少，我必須承認，拿掉logo的商品，常讓我不知該如何評定價格。而且，更讓我感嘆的是，如果褪下身分地位的外衣，有多少人還分得出哪一個情人才是最值得愛的人呢？在葡萄酒的世界裡，當把葡萄酒標遮起來時，我們還有多少能力可以評斷一瓶葡萄酒的價值呢？

如果你問：「當我們付出越多的時候，是否得到了越高的品質？」答案絕不是肯定的，也許，中低價格的葡萄酒多少比較能接近他們的實際價值，但是許多超出一百美元一瓶的葡萄酒，它們的價值也許有一大部分是建立在標籤上印著的名字，或者，純粹出於奢侈品市場非常奧妙的高定價策略，而市場供需僅只是其中的一個小因素而已。當必須花三十萬購買一個包包或一瓶葡萄酒時，很少人會將Hermes的Birkin包只視為一個三十公分的小牛皮包，也不會有人只看待一九九〇年的Romanée Conti為一瓶七五〇毫升、已經成熟適飲的黑皮諾紅酒。如果只是需要一瓶成熟可口的黑皮諾，只需不到十分之一的價錢就可以買到許多更好的選擇。請不要問我為什麼還會有人要買Birkin包和Romanée Conti，原因很簡單，雖然它們都稀有難得，但更重要的原因卻是，因為大部分的人都買不起。

也許我們在選擇情人時很難忘掉他們的身分地位，但是，卻可以在品嘗葡萄酒的時候進行矇瓶品嘗，先忘掉標籤，讓葡萄酒們裸裎相見，回到屬於葡萄酒的原本面貌。雖然大部分的人都不願意承認，但是，可以逃過看標籤喝酒的酒評家其實並不多見，無論如何，即使我努力地克制自己，但是碰到名酒的表現不好時，我總會不由自主地試著相信這只是因為還沒有到達成熟期，或者開瓶的時間不夠久，而很少給較不知名的酒莊同樣的寬容和解釋。畢竟，勢利與附庸風雅是人性中最難克服的一項。如果需要客觀地品嘗葡萄酒時，還是矇瓶試飲吧！

矇瓶品嘗是翻自英文的blind tasting和法文的dégustation à l'aveugle，意思都是盲眼品嘗的意思。在品嘗之前先不讓品嘗者知道喝的酒的身分，以保留比較客觀、不受名聲與身價所影響的品嘗經驗，但並不是真的要把眼睛矇起來。有些更純粹主義的人認為，酒的色調與深淺會過度影響嗅覺與味覺的評斷，而干擾品嘗的客觀性，於是也有品嘗會使用全黑的玻璃杯品酒，徹底實踐blind tasting的字面意義。無論是那一種，矇瓶品嘗經常用於專業的品酒場合，全球各地大大小小的葡萄酒競賽全都以矇瓶的方式進行。

雖然主要用於專業用途，但是許多品嘗葡萄酒的樂趣卻可以透過矇瓶品嘗而達到。對於我們不知道，卻又必須面對的事物，總會激起一些好奇心，讓品嘗帶著懸疑性。而因為這分好奇與懸疑會讓感官更專注，可以更明確地聞到或嘗到葡萄酒的特性與細節。例如在日常生活中，我們因為太習慣於用視覺去觀察身邊的事物，一旦把我們的眼睛矇起來之後，反而能讓出注意力給其他的感官，讓觸覺、聽覺和嗅覺突然變得更靈敏。而矇瓶品嘗葡萄酒也一樣有類似的效果，也許離題太遠，但網路一夜情大行其道的奧妙其實也正在其中。如果你試過讓你的朋友矇瓶品嘗一瓶他熟悉的葡萄酒，也許你就會瞭解我的意思是什麼了。

我相信單身的自由主義者應該有更多刺激好玩的成人遊戲，不過，如果你已婚，而且還是保守的中產階級，那矇瓶品嘗其實還稱得上是好玩的遊戲。至少，就像是在玩Clue之類的偵探遊戲，從一瓶酒的顏色、香氣、單寧、酸味、酒精等各種感官的線索中找出一瓶酒的真正身分，而對於參與一起品嘗的人之間，也是一種競賽。矇瓶品嘗似乎在一般葡萄酒的愛好者之間頗為盛行，我曾經買過一本英國出版，稱為《如何贏得葡萄酒遊戲》的書，專門教授如何在矇瓶品嘗的遊戲中猜出葡萄酒的品種、產區和年分的技巧。無論如何，總比同一時間法國出版的《如何跟你的老闆談論葡萄酒》的職場指南要有趣多了。

如果你還沒有玩過這遊戲，請好好享受葡萄酒處子的優勢吧！葡萄酒作家Jancis Robinson曾經感嘆地說，通常初入門的葡萄酒愛好者最容易猜中，資深的品酒家卻常會被過多的經驗所誤導。

## 帶著杯子去旅行

對於相機迷來說，透過萊卡（Leica）與蔡司（Zeiss）鏡頭看到的，是兩個截然不同的世界，萊卡鏡片讓影像顯得溫暖飽滿，似乎一切都變得更加美好，而蔡司鏡片的銳利和鮮明，卻無情地將世界的美醜纖毫畢露地全暴露出來。無論你偏愛那一個，那是兩個存在於我們肉眼之外，屬於萊卡與蔡司所詮釋的影像世界。

同一瓶葡萄酒，倒進不同形狀的葡萄酒杯裡，聞到的香氣也會有所不同，就像透過鏡頭看到的幻變世界一樣，葡萄酒的風味也隨著杯子的形狀而有不同風格的表現。例如，寬身窄口的杯子特別容易凝聚香氣，讓葡萄酒表現出非常奔放的酒香來；而窄身的設計，讓葡萄酒的香氣不特別外放，顯得更精巧，表現出更多的細節和細微的變化。不同的杯型對每一款葡萄酒的香氣都是一個新的詮釋，同一瓶酒用十種不同的杯子喝，很可能會有十個版本的酒香表現。就像同樣一張CD，用十台不同的擴大機播放，聲音的質感表現也會有許多的差異。相機的鏡頭講究的是逼真，擴大機和喇叭的極致是原音重現，在這樣的前提下，才講究廠牌風格。那葡萄酒杯呢？在五花八門的葡萄酒杯中，什麼樣的杯子才是完美，可以讓葡萄酒原味重現，還是，變得更美味迷人呢？

其實，這個問題從來沒有像現在這麼複雜過。在三十年前，酒杯的選擇並不多，通常只

SANFOR
PINOT NO

分出紅酒、白酒和香檳杯，當時，在巴黎的bistrot小餐廳裡只有一種叫Paris Goblet的矮小杯型，紅、白酒和水全都是同一款。在七〇年代之前，只有像波爾多、布根地、阿爾薩斯、德國白酒、雪莉酒和波特酒等，有發展出自己的傳統杯型，但也只有在原產地才比較常見。而像Baccarat這樣歷史悠遠的水晶玻璃名廠，注重的也只是外觀美貌，並不太注重功能性。

但自從一九七一年奧地利的水晶工廠Riedel開始針對不同的葡萄品種以及產區設計不同形狀的酒杯之後，一款酒杯打通關的時代便逐漸走進了歷史，各式各樣的專用酒杯開始出現，法國的L'Esprit du Vin、德國的Schott Zwiesel和Spiegelau等水晶杯廠也相繼推出多種系列的專業酒杯，光是波爾多卡本內蘇維濃專用杯（Bordeaux/Cabernet），現在在台灣市面上至少就可以找到二十幾款以上。而Riedel的手工杯Sommelier系列更推出了多達四十種以上的杯型，另外Schott Zwiesel的手工杯系列Enoteca的杯型也多達二十三款之多，而這些都僅是多種系列中的一種而已。現在的葡萄酒杯不僅選擇多，也讓酒迷們不只要在家裡找到儲存葡萄酒的地方，還要在櫥櫃裡騰出擺放不同形狀杯子的空間，而且它們的尺寸通常都非常大，畢竟，很少人只喝同一個品種或同一個產區的葡萄酒。

國際標準化組織（ＩＳＯ）也在一九七〇年推出ＩＳＯ標準杯，雖然看起來不是非常美麗，且容量很小，但就像鋼琴調音師的音叉，可以發出標準音，葡萄酒的品嘗也該有這樣的標準杯，畢竟，不同的杯型有可能會讓同一款葡萄酒散發出完全不同的香氣來，進行訓練、競賽或評比時，這樣的酒杯最適合用來做為標準，即使不是所有的酒在這樣的杯子裡都有傑出的表現。但這樣的ＩＳＯ標準杯，一杯可抵眾杯，而且價格便宜，也是頗常使用的杯型。

葡萄酒杯總讓人想到高腳杯，有杯腳的酒杯不僅方便搖杯，讓葡萄酒的香氣容易散發出來，同時，也能避免握杯的手讓葡萄酒溫升得太高，畢竟，即使是紅酒，酒溫都不該超過二十度，而手掌是三十六度。不過，自從L'Esprit du Vin推出Impitoyable系列中無杯腳的Le Verre Taster酒杯，專業品酒師對這樣的想法有了些改變，只用食指和拇指握住的杯子不會增加太多溫度，但卻因為杯底的突起可以讓酒更快氧化、散發出香氣來，不像其他的杯子需要更多的時間讓酒慢慢氧化；杯型的聚香效果非常好，有放大酒香的功能；更重要的是，對於經常旅行無法帶著高腳易破的名杯到處跑的人，這樣的無腳杯確實非常容易攜帶。無疑地，這曾經是最常跟著我一起旅行的葡萄酒杯，雖然這杯子以冷酷無情為名，號稱最能表現葡萄酒裡的缺點。這樣的杯型現在也開始受到其他杯廠的注意，Riedel的Sommelier系列也加入了兩款類似形狀的無腳品嘗杯。

其實，在這之前，Riedel就已經推出了稱為O系列的無腳酒杯，不管算不算是葡萄酒杯革命，這樣的杯子都會是出門野餐優先考慮的選擇吧！但無論如何，如果不是趕著要品很多酒的品酒師，或者需要帶著傢伙四處跑的人，優雅地搖著傳統的高腳杯還是比較迷人，可以慢慢地品嘗，等待葡萄酒的香氣，緩緩地，自杯中飄散出來。

# 香氣

## 水果與礦石

關於美味，你會喜歡水果還是石頭？對於這樣的問題，也許大部分的人都會覺得多餘，石頭怎可以和甜美的果實相比呢！但是，在葡萄酒的世界裡，卻有不少人的想法剛好完全相反。

例如Christophe Roumier，布根地香波－蜜思妮（Chambolle-Musigny）村的精英酒莊主，自一九九〇年起，他所釀造的愛侶莊園（Les Amoureuses）一直是我最難忘懷的珍釀，特別是每回自杯中飄蕩出來的香氣，那般精巧，那般迷人，那般變化多端。在酒莊窄小的地下酒窖裡，Christophe一邊把從橡木桶中汲取出來的新釀愛侶莊園紅酒注入我的酒杯中，一邊提醒：「我不喜歡太多果味的黑皮諾紅酒，酒中要有礦石味才算得上精彩。」其實，Christophe當然知道現在各地都流行果味充沛的酒，他也承認為了讓酒多一些果味，曾經調整過釀造的方法，但是，我知道他心中愛的是那股難以捕捉、飄逸優雅的礦石香氣。我想，他釀的黑皮諾紅酒之所以能帶著拘謹，卻又那麼耐喝有深度，源頭就來自於此吧！

關於葡萄酒，水果和礦石就如同冷與熱，或者，像幸福與哀傷，是彼此對反的兩樣風情，果味有如來自酒中的歡唱，讓葡萄酒顯得特別美味可口，很能討人歡心，滿足最直接誘人的享樂慾望。相反的，礦石味卻讓酒多了一些轉折，得以有更多層次的變化，雖然會讓酒

Vynfields
MARTINBOROUGH
Classic
Riesling
2005
NEW ZEALAND

變得嚴肅起來，不是那麼容易親近，但卻因為更內斂而不會流於浮誇，更耐細細品嘗。

暫且不論個人的喜好，礦石味確實比果味來得稀有少見，只有某些來自特殊產地的葡萄酒會有礦石味，但是，幾乎所有的葡萄酒多少都會有一些果味，畢竟葡萄本身就是一種水果。許多葡萄酒的水果香氣常常得自於葡萄品種本身，像是格烏茲塔明那的荔枝香或是黑皮諾的野櫻桃。有時候一些特殊的釀造法也可以突顯出特殊的水果味，例如像白酒採用低溫發酵法時，就很容易產生鳳梨的香氣，而在發酵前，讓採收的黑葡萄先進行低溫浸皮時，也常能產生非常濃郁的覆盆子香。這些水果香味常常構成許多葡萄酒年輕時的基調香氣，但果香也常會隨著葡萄酒的成熟和老化逐漸轉化消失。所以許多以果香為主的酒，通常也會是適合早一點品嘗的葡萄酒，要趁著年輕可口的果香還沒消失前，早點嘗鮮。

關於葡萄酒裡那些細數不盡的香氣，除了來自橡木桶或因葡萄品種和釀造法而產生的，我們並不全然知道是因何而成的。就像從前台灣人相信吃腦補腦，法國人也常對葡萄酒的香氣加上許多恣意的聯想，例如近海岸的葡萄園所產的葡萄酒常被認為帶有海藻與碘味，葡萄園靠近松林就會被說成有松脂香氣。依此邏輯，那些帶著礦石香氣的葡萄酒想必是長在多石的葡萄園裡。也許是巧合，但那些種植在山坡多石地帶的葡萄，確實經常比種在平地肥沃土壤裡的葡萄，更容易釀出帶著礦石氣息的葡萄酒，加上多石山坡所釀成的酒，口感通常偏高瘦，很容易就形成了一種嚴肅高雅、帶著礦石氣的葡萄酒風格。有時在餐廳裡，酒侍跟客人說：「這是一瓶礦石的酒」，意思其實並不僅是說酒裡有礦石味，而更指明了是這種內斂風格的葡萄酒。

當然，不僅是要多石，不同的岩質，也會讓不同的葡萄品種產生特別的礦石香氣。布根地北邊的夏布利產區，有一種稱為Kimméridgien的侏儸紀晚期岩層，主要位在山腰處，為含白堊質的泥灰岩，質地軟，含水性佳，間雜著石灰岩和牡蠣化石，種在這種岩層之上的夏多內葡萄，經常能釀成含有礦石氣味、偏酸、偏瘦的獨特干白酒，不過，同樣也是夏布利地區常見，質地較硬的Portlandien岩層，卻反而讓種植其上的夏多內釀成多果味的清淡白酒。在羅亞爾河上游的Pouilly-Fumé產區也以礦石香氣聞名，葡萄園裡到處散布著許多白色的打火石，讓白蘇維濃葡萄得以釀出獨一無二、濃濃的煙燻礦石味來。

水果和礦石經常在葡萄酒裡相遇拔河，兩種風格的氣味經常共存於同一杯葡萄酒裡，可愛柔軟身段的果味和孤傲的礦石香氣，一冷一熱，彼此或交融，或激盪。其實，也正因為這樣的結合，才能造就像Christophe Roumier的愛侶莊園那般讓人痴心迷戀的經典葡萄酒。

・芒果與水蜜桃，花崗岩塊與紅茶薰子。

## 我的葡萄酒裡不禁菸

法國的菸槍客在咖啡館和酒吧的禁菸區抽菸，大概像是台灣的女士們在周年慶的時候到SOGO血拼一番那般名正言順吧！對香菸味敏感的人，在法國應該只能當二等公民，而且很難成為作家或是氣質男女，因為咖啡館總是菸味瀰漫，任誰都看不出真有吸菸區和禁菸區的差別，不耐菸味的人在裡頭泡不了多久就要撤退，即使是露天咖啡座，都逃不掉從隔桌迎面吹來的二手菸，偏偏那些地方又是生活裡的重心。不管菸稅怎麼漲，抽菸的法國男女老少還是多數，想要享受一下純正法式舌吻（French kiss）的香辣刺激，在舌頭送往迎來之間，還得先忍受正面襲來的菸味口氣*。

是的，你們應該都看出來了，我確實是一個對菸味特別敏感，甚至嫉「菸」如仇，而且嚴拒與香菸客舌吻的葡萄酒作家。但是，葡萄酒裡的菸味呢？許多紅酒裡的菸草、雪茄盒、煙燻與焦香味等燻烤香氣，當巧妙地混合著果香和香料氣息時，其實對我而言卻可以是特別地迷人。好吧！我承認，這絕對是雙重標準，跟現實世界不同，在我的葡萄酒世界裡是沒有禁菸區的，至少，葡萄酒裡的菸草香氣不會讓人頭暈，也不含尼古丁和焦油。

葡萄酒的香氣千變萬化，而且無奇不有，像牛皮沙發、麝貓香、松露、貓尿、苔蘚和腐葉等等這些看似怪異的香氣，對常喝葡萄酒的人來說都還算常見，雖然我們並不完全確定這

*法國咖啡館從二〇〇八年開始禁菸之後，情況已經完全改善。

些香味為何會出現在葡萄酒裡，但是，有些葡萄酒在熟成老化的某個過程中，就會自然散發出這樣的氣味來，並不是酒莊釀酒時不惜成本在酒裡添加了昂貴的松露，也絕不是酒廠養的貓晚上偷跑到酒槽上尿尿！

至於葡萄酒裡會出現香菸或是雪茄這些菸草味，當然也一樣不會是因為添加菸葉而來的，不過，我們卻可以知道背後的主因是什麼。一般發酵完之後馬上裝瓶的葡萄酒，幾乎不可能在任何時候出現菸味，唯有釀成之後還經過橡木桶培養的葡萄酒，才比較有可能會散發這樣的酒香。關鍵就在於橡木桶，而且跟木桶製造過程中的焙烤程序有關。傳統手工製桶廠為了讓橡木片可以經得起壓力、彎曲拼組成桶狀，必須先用橡木屑燒成的火烤熱橡木片。火烤雖然是為了讓橡木片更有彈性，但是，卻也會讓橡木產生許多變化，最直接的影響就是會烤黑木桶的內部，讓木頭產生焦香與煙燻的氣味，同時也會讓木頭內的單寧變得比較柔和，將來如果溶入葡萄酒中才不會太粗糙咬口。

但更重要的是，就像烘焙過的咖啡豆一樣，烤過的橡木也會產生許多香味分子，在葡萄酒存入桶中之後，開始慢慢溶入酒中，除了為年輕的葡萄酒增添香氣，也會在未來的熟成過程中變幻成不同的酒香。同屬於烘焙系的香味除了菸草與雪茄，還有香草、咖啡、巧克力和焦油。於是，橡木桶進一步由釀酒工具變成了釀造葡萄酒的材料。

如同咖啡的烘焙技藝，橡木桶除了講究橡木的產區和品質，同時也講究燻烤的技術，不同程度的焙烤會讓橡木產生不同的香味分子，自然也會影響將來葡萄酒的香味。而釀酒師如何巧妙運用不同烘焙程度的橡木桶，將葡萄酒培養成具有特色又豐富多變的頂級珍釀，更是一項絕技。要讓葡萄酒產生煙燻味其實相當簡單，只要採用重烘焙的新橡木桶就相當容易達到目的，但是這樣的香氣雖可讓酒香變濃，卻不免流於粗獷，而且也常掩蓋了葡萄酒原有的酒香。

菸草的香氣，甚至，常在晚宴後讓我痛苦難耐的雪茄味，如果出現在紅酒裡就大不相同了。雖然和煙燻味屬同一系列，但卻很少過於濃重，出現時反而常讓酒香變得更豐富，甚至顯得更雅緻。當然，這樣的香氣並不會像煙燻味那麼容易就直接出現在酒中，常常必須採用上好的橡木桶，再配上上好的紅酒，經過一段時間的熟成，才有較多的機會幽然地自杯中散發出來。

在我的經驗裡，法國要屬波爾多梅多克地區頂級酒莊產的紅酒，最常出現這些迷人的菸味了，特別是當酒開始進入成熟期之後。如果你抽菸，卻想跟我來一個French kiss，我會建議你先用梅多克的陳年波雅克（Pauillac）紅酒漱漱口吧！

·1986 Château Lafite Rothschild，波雅克產區（Pauillac）最高檔的漱口水。

MIS EN BOUTEILLE
CHÂTEAU

## 香草冰淇淋葡萄酒

身為葡萄酒迷卻討厭香草的香味，算是偏執狂嗎？這種生活裡常見的香料在大部分的甜點裡都找得到蹤跡。現在，這樣的香味也瀰漫到全球各地的葡萄酒裡了。可以確信的是，討厭香草香味的葡萄酒迷們，日子要越來越難過了。

香草是原產於熱帶地區的爬藤類蘭科植物，開花後成熟的豆莢經過水煮、曝曬及發酵之後，香草豆莢的顏色會轉黑，表面長出白色的結晶，包括外部以及裡面的香草籽開始散發出迷人的香草香氣。這些細小如雪花般的白色結晶物即是香草醛（Vanilline），正是香草香味的來源。

不過，並非只有香草豆莢會產生香草醛，某些橡木經過輕至中度的燻烤之後也會產生，這是為什麼在葡萄酒裡會有香草香氣的主要原因。當葡萄酒裝在橡木桶內培養熟成時，木片中的香草醛就會逐漸地滲入酒中。香草醛並非稀有難得之物，人工合成的香草醛老早就取代大部分香草豆莢的功能。

因為時常抱怨酒裡有太多的香草味，許多喝葡萄酒的朋友都誤以為我特別討厭香草的味道，其實不然，香草正是我最愛的冰淇淋口味，喜愛的程度甚至遠勝於巧克力。香草的香氣和牛奶及蛋的味道可以做很好的結合，香草冰淇淋真正迷人的地方並不只在香草本身，而是因為加了香草，襯托出了奶香與蛋香的價值，所以一般以牛奶或蛋為主的甜點都很適合添加香草調味，但重點是添加的分量要恰如其分，加多了反而讓人覺得噁心。

現在的葡萄酒，不論紅、白酒，都流行在橡木桶裡進行培養，使得香草香氣在葡萄酒裡氾濫成災，陰魂不散地出現在大多數的葡萄酒裡。其實為葡萄酒增添香氣一開始並非橡木桶的主要功能，燻烤橡木原本是為了要柔化木片，容易成型。但火烤過的木桶附帶地為葡萄酒帶來許多香味，像波爾多梅多克紅酒裡那些頗為尊貴的雪松、雪茄盒和摩卡香氣，都得仰賴高級昂價橡木桶的助力。於是大家對橡木桶影響的注意越來越重香味，反而忽略了對口感的重要影響，橡木粉和橡木片開始取代橡木桶來替平價的葡萄酒「調味」，就是最好的例子。

每年的十一月，伯恩濟貧醫院（Hospice de Beaune）葡萄酒拍賣會的桶邊試飲，是法國最具象徵意義的葡萄酒盛會，也是對香草香氣過敏的人最嚴厲的酷刑。十月底新釀成的酒，才剛入全新的橡木桶培養，桶子的所有味道都泡到酒裡了，香草的香氣自然也不例外。更恐怖的是這裡的紅酒全部都是用黑皮諾葡萄釀成，那麼細緻精巧的酒香卻糊滿了木桶氣，特別是把酒吐掉之後，留下滿口揮之不去的香草味，那時，我真佩服自己的勇氣與毅力，能品嘗完數十款等待拍賣的新酒。在剛進入橡木桶的前幾個月，木桶味會特別明顯強烈，但是經過一年的培養之後，木桶與香草味會逐漸和葡萄酒融合在一起，反而會變得低調一點，開始和葡萄酒原有的香氣相協調，交織成豐富多變的迷人酒香。

2000
Marqués
de Cáceres
RIOJA
EMBOTELLADO POR
UNIÓN VITI-VINÍCOLA, S.A.

PRONEKTAR

當然，也有和香草香氣特別合得來的葡萄品種，不用說，正是夏多內，充滿奶油、烤麵包與熟果的香氣裡再來點香草香，配上圓潤的口感，確實很相稱。香草與夏多內焦孟不離的程度，嚴重到沒有橡木桶及香草香氣的夏多內干白酒，都有可能會被懷疑是貼錯標籤。討厭夏多內的人常說，關鍵在於夏多內是一種毫無個性的葡萄品種，才能容得下那麼多的橡木桶氣味。特別是麗絲玲（Riesling）葡萄的支持者們堅信，麗絲玲的風格獨特，一點都不適合染上任何來自橡木桶的香氣，正是反香草酒迷們的最後淨土。

但是，葡萄酒裡的香草香氣真的只能來自橡木桶嗎？

擁有上百公頃葡萄園的布根地夏布利Jean Durup Père et Fils酒莊，號稱遵循夏布利釀酒傳統，酒莊所出產的所有白酒完全在一般的酒槽內釀造，絕對不經橡木桶培養，但是非常奇異地，這家酒莊最招牌的Fourchame一級葡萄園的白酒，其一九九八年分卻完全出乎意料地被英國最具權威的葡萄酒雜誌評為「酒香為橡木桶的氣味所主宰」。我問了酒莊少莊主Jean-Paul的個人看法，他除了把葡萄酒媒體大罵一頓外，對我的問題卻一笑置之，但那神祕的香草氣息到底由何而來呢？香草冰淇淋和葡萄酒是我的兩個最愛，難道夏多內白酒不用橡木桶就可以自然產生香草醛嗎？雖然不願相信，但我已經開始期待有一天真的能喝到那帶著自然香草冰淇淋香味的夏多內白酒了。

．烤橡木桶與調味用的烤橡木屑。

# 葡萄花與黑醋栗葉芽

常常在酒評家的文章中讀到這樣的文字：「酒中散發出神祕的東方香料香氣！」聽起來確實讓飲酒的氣氛變得很氤氳，但我常在想，這些又神祕又東方的香料到底是什麼樣的香味呢？也許因為不知名，所以神祕吧！因為神祕，所以在西方人的眼裡就會認為是來自東方吧！桂皮、丁香、肉桂、肉荳蔻、胡椒和八角這些原產亞洲的香料，對我們都算不上神祕，在葡萄酒裡也不陌生，例如氧化老掉的白酒，特別是過老的甜白酒常有肉桂的香氣，炎熱氣候的希哈紅酒常出現胡椒味，現在重烘焙的橡木桶用得多，偶爾紅酒裡也有丁香的氣味，老一點的紅酒有時荳蔻的香味會跟肉乾味一起出來。不過，雖然明確，但還是比不上神祕東方香料那般讓人悠然神往。

這讓我想到有一回參加布根地白酒的品嘗會時，聽到法國最知名的酒評家幾乎在描述當晚多款Montrachet白酒時都會蹦出「葡萄花香」這個字。要不是葡萄花開的六月還沒到，相信在場的賓客大多會跟我一樣，忍不住要奔到品酒室外的葡萄園裡，聞一下葡萄花到底是什麼樣的香味啊！怎麼在喝過的Montrachet裡從沒有發現過這樣的奇異花香呢？其實，那葡萄花的香氣還真是幽微，像大部分年輕的Montrachet一樣，除了橡木桶味，還真難聞出其他特別的香氣來呢！如果原意是要用淡淡的香氣來形容酒香的幽微，那還真是傳神，但也未免太折騰聽眾。如果我說這酒有羅望籽（tamarind）的香氣，又有誰真的能體會那香味是何等的特別呢！

不過，葡萄花也不是真的很難尋，如果路過彰化大村、苗栗卓蘭或南投信義，別忘了順便去聞一下葡萄花的香氣，在台灣，葡萄一年可以開到三次花，不一定要等到六月。當然，還有更方便的，專門將葡萄研製成美容保養品的泰奧菲，也推出有葡萄花香的沐浴乳和洗髮精，優點就是沒什麼香味，正好可以邊洗澡邊想著Montrachet飄忽不定的昂貴香氣。

法國曾經出版過一本教人如何運用葡萄酒討上司歡心的葡萄酒飲用指南，可見葡萄酒是當地職場上相當重要的社交工具，也是想攀龍附鳳的人必學的課題，除了要多背一些稀有名酒外，多背一些特殊香氣的名字也是必要的。在台灣，父母們最擔心小孩英文、數學學不好，法國家庭卻是很在意小孩的味覺教育，如果不會品酒品菜，將來要在社會上出人頭地可是困難重重。

如果真的嗅覺不好，要是能講出越沒人聞過的香味來，其實也可以唬人，例如喝白蘇維濃的白酒時絕對不要忘了來一句「有黑醋栗葉芽（bourgeon de cassis）的香氣」，一定能讓同桌的人另眼相看。確實，這種香味做為白蘇維濃葡萄的形容詞真的很貼切，聞過之後絕對是印象深刻，而且出現這樣香氣的比例也很高。也因此，黑醋栗葉芽變成了法國附庸風雅一族在喝白蘇維濃白酒時的標準發語詞。不過，切記絕對不要用在其他品種上，那可是會鬧笑話的。

黑醋栗這種黑色的森林漿果，是紅葡萄酒中最常出現的香氣之一，大部分比較年輕、比較強健型的紅酒都很可能有這樣的香味，特別是在年輕的卡本內蘇維濃紅酒裡幾乎是標準香氣。但是黑醋栗的葉芽氣味就比較少見，不僅幾乎不會出現在紅酒裡，白酒也只常出現在白蘇維濃葡萄，那是一種混合著青草、水果、花香以及一點動物的奇異香氣，由黑醋栗的年輕葉芽以及藤蔓萃取出來，是調製香水的材料之一，帶點薄荷、黑醋栗果醬、洋香槐以及一點點貓尿味，雖然算不上細緻，但絕對非常特別。

當然，昂貴稀有的香味也常被用在有關葡萄酒香氣的遣詞用語上。例如法國黑松露、雪松、麝香或是古巴雪茄等等的香味，如果拿來形容紅酒，那肯定是像在口袋插一支Montblanc一樣稱頭。不過也絕不要秀過頭了，如果覺得義大利白松露比黑松露的身價更貴上數倍，硬要拿來形容頂級昂貴的稀有珍釀，恐怕馬上就露餡了。白松露最特別的地方在於身為蕈菇，卻能散發蒜頭和乾酪的香氣，但是這兩種香味如果真出現在任何一瓶葡萄酒裡，相信我，那酒肯定是壞掉不能喝了。

・黑松露、番紅花與玻美侯（Pomerol）。

1995
Ch^au Lafleur
MIS EN BOUTEILLES AU CHATEAU
Pomerol
M. Robin
PROPRIÉTAIRE

## 葡萄酒中的野性香氣

葡萄酒的香氣不僅繁複多變，而且千奇百怪，特別是一些類似動物，或者，甚至有如動物排泄物般的「香氣」最是獨特，而且，嗯！美味迷人。

如果你從葡萄酒裡聞到了牛皮沙發以及如YSL淡香水Kouros那般的麝香味，不用懷疑，那肯定是一瓶高檔、正值成熟巔峰的頂級紅酒。Anthony Hanson是英國最知名權威的布根地葡萄酒作家，在他的書中也曾說過：「上好的布根地紅酒聞起來都有一點糞味。」在寫下這段話時，他內心裡對布根地的黑皮諾紅酒是充滿著崇敬之心的。當然，如果你已經喝過許多白蘇維濃白酒，想必一定對經常自杯中散發出來的貓尿味習以為常了。

除了前面這些被統稱為動物味的香氣，在葡萄酒中常出現的還包括野禽味、毛皮味、肉乾味、肉汁味等等。這些香氣大都出現在成熟以及陳年的老酒中，太濃時也許粗獷難聞，但若僅是淡淡飄散，卻也可以是深沉氤氳、溫暖迷人的香氣，特別是在秋冬，配著香濃的燉肉或是野味與野菇料理，以及全然熟成、一樣濃重撲鼻的乳酪，全都是氣味相投的最佳寫照。

明明只是用新鮮的葡萄釀造，為何在葡萄酒裡會有這樣的氣味產生呢？可以確定的是，沒有任何一個釀酒師會把排泄物放入釀酒槽裡的。跟昂價的麝貓咖啡不同，有著麝貓香氣的葡萄酒絕對不是從糞堆裡撿回來的。雖然還有待更深入的科學研究以探尋出葡萄酒香氣的祕密，但這些動物香氣的來源其實有著許多的緣由，也不是憑空發生。

例如最常在紅酒中出現的皮革香氣，其實跟葡萄酒中的單寧有關。在皮革製造中的鞣皮過程，會運用許多自植物萃取的單寧來處理皮革，以利保存，鞣皮時單寧滲透到皮革內與裡面的蛋白質結合，產生了皮革特有的香氣分子。紅葡萄酒中也含有許多單寧，酒在培養時通常會含有酒精發酵後死掉的酵母菌，酵母中的蛋白質和單寧結合之後，很容易就會出現皮革味道。特別是許多單寧非常多，又經常進行長期橡木桶培養才裝瓶的紅酒，像法國西南部以塔那（Tannat）葡萄釀成的的馬第宏（Madiran）紅酒，或是東南部以慕維得爾（Mourvèdre）釀成的邦斗爾（Bandol），或甚至波爾多的梅多克等，都常聞得到皮革香氣。

香與臭之間，常常只在於濃度的不同而已。稱為糞臭素的甲基吲哚（Scatol）和吲哚（Indole）都是存在於糞便之中的氣味分子，雖然有強烈的糞臭味，但是在很低的濃度下，吲哚卻具有類似於花的香味，許多花香，像橘子花的香氣，都是由吲哚組成的，而有糞臭味的吲哚其實也是製造香水的原料之一。葡萄酒裡也有吲哚，當酒年輕時，聞起來有清雅的白花香，成熟之後就開始出現如野味、毛皮以及帶一點臭臭的香味了。不過，如果在年輕時就有這樣的氣味，那就大概是培養葡萄酒的橡木桶沒有完全地清潔消毒，造成細菌感染所引起的。過去許多布根地的紅酒有這樣的氣味，很多是歸因於老舊的木桶。

在所有野獸或是野禽的氣味中，最細緻高雅的香氣應該屬麝貓香，在成熟的陳年黑皮諾紅酒中偶爾會出現，香氣比起較常在梅洛與希哈老酒中出現的麝香和毛皮氣味來得優雅一些。麝貓香是一種黃色的膏狀物，取自麝貓尾部的香囊內，香氣主要為一種稱為靈貓香酮（Civetone）的香氣分子，這樣的物質也出現在茉莉花香之中。有些人依經驗發現，年輕時有茉莉花香的紅酒，在成熟時也常會出現類似麝貓的香氣，原因可能是葡萄酒中含有靈貓香酮的緣故。其實，具有茉莉花香味的香氣分子乙酸苄酯（Benzyl acetate），在氧化之後也會變成類似野味的香氣。

不過，有些紅酒在非常年輕的時候就會出現有如處理不當的毛皮所散發的氣味，或是類似陳年的肉乾味，出現這樣的情況則和陳酒的毛皮味不同，主要是因葡萄酒在培養的過程缺乏氧氣，進而產生的還原味道，通常經過醒酒或換瓶，讓葡萄酒與空氣充分接觸之後，應該就會慢慢消失。

動物的香氣大多出現在紅酒之中，除了偶爾在一些陳年的粉紅香檳中會聞到毛皮味，在很老的布根地白酒偶爾有一點混合奶油、香料與煙燻的肉汁味外，香氣真的稱得上非常動物的白酒，應該是白蘇維濃的貓尿味。這樣的香氣來自於一種稱為「四－甲氧基－二－甲基－二巰基丁醇」的分子，這種白蘇維濃的獨門招牌香氣雖然相當特別，但除非是愛貓成癡的人，否則實在稱不上高雅迷人，唯有混合著新鮮奔放的百香果、火藥和黑醋栗葉芽的氣味，才能表現白蘇維濃最精彩的一面。

Beaune
Vigne de l'Enfan
1961
LLATION BEAUNE PREMIER CRU CO
CE VIN A ETE ELEVE ET MIS EN BOUTEILL
Bouchard Père &
HATEAU DE BEAUNE, COTE D'OR, FRA

## 繁花盛開

畢竟是用水果釀成的，葡萄酒中最常出現的香氣當然是果香味了，變化也最多，不僅各式水果香氣都可能出現，而且還有新鮮水果、熟透的水果、果醬、酒釀或糖漬水果，甚至水果乾等等多重的香氣變幻。但是，花香就不同了，不像果香味幾乎可以出現在每一瓶葡萄酒中。而且，花香的種類也沒有果香那麼多變，也許是某些特別的品種，或者來自特別的葡萄園，優雅的花香才會幽然地自酒杯中飄散出來。

葡萄酒分紅酒與白酒，葡萄酒中的花香也分紅花與白花香味。屬於紅色花系的香氣有紫羅蘭、芍藥（pivoine）和玫瑰等等，白花則有椴樹花、洋香槐（acacia）、忍冬（chèvrefeuille）、橘子花和山楂花（aubépine）等等。也許是巧合，也許是視覺的移情作用，在所有常出現在葡萄酒的花香中，似乎存在著一定的規則，出現在紅酒的花香氣大多是紅色花，如果是白酒裡的花香，則大多是白花。

紅酒中最常出現的花香是開紫紅色花的紫羅蘭，依據我的經驗，在採用高比例的卡本內弗朗（Cabernet Franc）葡萄所釀成的紅酒，以及用希哈葡萄釀成的年輕北隆河紅酒裡較常出現。也有葡萄酒專家認為紫羅蘭香氣常混合著黑櫻桃果香出現在黑皮諾紅酒中。當然，年輕的梅多克紅酒在高貴的雪松與藍莓香氣間也偶爾會出現高雅的紫羅蘭香氣。白酒中的紫羅蘭香氣非常少見，只有偶爾出現在以維歐尼耶（Viognier）葡萄釀成的濃厚多酒精的干白酒中，混合著杏桃的香氣一起出現，確實很特別。

顏色豔紅或粉紅的芍藥花香帶著一點草香氣，在紅酒中也算常見，例如以加美（Gamay）釀成的薄酒來年輕紅酒裡就頗常出現芍藥香氣。白酒中則相當少見，只有種植於阿爾薩斯的格烏茲塔明那能在濃濃的香料與熟果香中帶一些芍藥的香氣。而帶著莓果醬味的洛神花香，沉穩不膩，是成熟紅酒中較常聞到的香氣。

有著粉豔甜香的玫瑰，則幾乎是蜜思嘉（Muscat）葡萄的專利，是少數常出現於白酒中的紅花香氣，紅酒中則以內比歐露（Nebiolo）最常有玫瑰花香出現。玫瑰雖然有些俗豔，但混合著荔枝香出現在蜜思嘉甜酒裡也可以很迷人。不過，蜜思嘉甜酒最迷人的花香應該是屬白花系的柑橘花香，這種相當清新爽朗的花香味也會出現在一些優雅的高級甜酒中，但還是以蜜思嘉葡萄最常散發出包括檸檬花與柑橘花在內的清爽香氣。

並非所有的花的氣味都是香的，有些花聞起來很刺鼻，只有劣質葡萄酒才會有這樣的氣味，天竺葵是最典型的代表，是釀酒時添加太多山梨酸所造成的結果。

白酒中的香氣以洋香槐最是常見，許多典雅型的干白酒像麗絲玲、夏多內甚至香檳等等，都可能散發這樣高雅清新的香氣。椴樹花香氣帶點蜂蜜的味道，在甜白酒或是成熟的陳年白酒中很常出現。白梢楠（Chenin Blanc）是最常有椴樹花香的葡萄，不論釀成干型、甜型或甚至貴腐甜酒都常帶有這樣甜熟氣息的花香。蜂蜜因為是由花蜜製成，所以常有蜂蜜香氣的葡萄酒，像貴腐甜酒、遲摘甜酒以及陳年的夏多內白酒等等，有時也會散發介於花與蜜之間的花蜜甜香。

原產自法國羅亞爾河谷地的白梢楠是最常出現花香味的品種之一，除了比較常見的椴樹花之外，也常有淡雅甜美的忍冬花以及洋甘菊花（camomille）香氣，特別是遲摘或熟透的白梢楠葡萄更常出現。山楂花雖然屬於白花，但是帶著一點莓果乾的香氣，卻也頗常出現在紅酒中，例如法國南部和西班牙都相當常見的格那希葡萄，釀成紅酒之後，常會出現山楂花的香氣，特別是在陳年成熟之後。

雖然花香並不特別引人食慾，但是，正是這些有如繁花盛開的各色香氣，讓葡萄酒的品嘗時時熱鬧繽紛，埋藏著意外的驚喜。

## 葡萄酒裡的木塞味

一九九八年分的Cask 23倒進杯裡之後，散發出尤加利樹、紫羅蘭與紙板的氣味。我必須承認並不特別喜好在紅酒裡聞到尤加利樹，那是澳洲卡本內蘇維濃的專長，在一瓶要價五千元的酒裡出現這樣的氣味，確實讓我有點憂慮。酒莊的行銷經理趕緊開了另外一瓶，這回是全然不同，有著多重變化的優雅酒香，熟果配上香料與雪松香氣，很有頂級卡本內蘇維濃紅酒的樣子。

雖然葡萄酒常會隨著儲存的環境而改變，但是兩瓶來自同一酒槽，同時裝瓶，同樣存在酒廠地窖裡的酒，怎會有如此巨大的差距呢？答案也許只有一個，那就是封瓶的軟木塞出了問題，讓酒變質了。

軟木塞在裝瓶前都會經過含有二氧化硫的蒸氣殺菌，但是在軟木內的空隙卻可能還留有細菌或酵母菌等微生物，製造會產生怪味、簡稱ＴＣＡ的三氯本甲醚。受污染的酒出現尤加利樹的味道確實比較少見，但是因為軟木塞的問題出現腐敗的木頭、浸濕的報紙或甚至直接的木塞味等味道，對常喝葡萄酒的人來說根本是家常便飯，不過，在程度輕微的情況，常會被當成礦石或木桶味等葡萄酒中經常出現的香氣而不被查覺。根據一九九八年布根地酒業公會的實驗調查，無論酒的價格多貴，使用的軟木塞有多高級，但葡萄酒因為軟木塞而變質的比例就是百分之二至五。也許不是特別高，但平均每開二十瓶酒就有一瓶酒是因此壞掉。

試想，如果依照比例，光是像波爾多的拉圖堡這樣的中型城堡酒莊，每個年分平均就可能會有兩萬瓶因軟木塞污染而出問題的酒，比二〇〇三年時全球感染SARS的人還多。想想看，當這些需要數十年才會成熟的葡萄酒，最後會成為許多人酒窖裡僅有一瓶的珍藏酒，小心呵護，等待了許多年後，呼朋引伴來品嘗時，結果卻碰上木塞味。即使只有百分之五，也一樣讓人在買酒時提心吊膽。

上餐廳點葡萄酒，開瓶之後酒侍們會先聞聞軟木塞是否有異味，接著倒一些酒到點酒者的杯子裡，然後看著點酒的人聞過酒香，甚至試喝一小口，點頭確定之後才會開始替其他客人倒酒。這個大家到西式餐廳已經日漸習慣的點酒儀式，並不是要試酒合不合口味，主要是要預防讓客人喝到有木塞味的葡萄酒，畢竟在餐廳品嘗美酒佳肴時，不小心喝到滿口軟木塞味的葡萄酒，是很殺風景的事。碰上有木塞味，餐廳有義務要為客人換一瓶同樣的酒，但很不幸的，再開第二瓶也有可能是壞的，機會是四百分之一，而且機率可能更高，因為若是在裝瓶前就受污染的酒，即使木塞沒壞也一樣會有木塞味。

由於軟木塞是天然的材質，無法保證百分之百不會有問題，於是有人開始提倡用塑膠塞子來裝年輕好喝、不需久存的葡萄酒，以避免軟木塞的問題。甚至也有酒廠開始啟用金屬旋轉瓶蓋封瓶。有些加有特殊薄膜的瓶蓋還標榜可以模仿軟木塞的結構，讓空氣可以非常和緩

地滲透進瓶中，讓葡萄酒緩慢氧化成熟，瓶蓋廠認為即使是頂級的名酒也適合使用金屬旋轉蓋。雖然這樣的封瓶方式可以少掉百分之五的困擾，而且省掉開瓶器的麻煩，但能接受頂級酒配金屬蓋的人還是少數。

用軟木塞為葡萄酒封瓶的歷史並沒有想像中那麼長，不過是百來年而已，但拔出軟木塞的開瓶方式，在許多人的心中卻好似永恆的唯一方式般根深柢固。我自己也很捨不得這樣的開瓶樂趣，而且那百分之五的機率更是讓開瓶的過程充滿懸疑。

不過，紐西蘭和澳洲的酒廠卻不這樣想，特別是在紐西蘭，現在新年分的葡萄酒，除了金屬旋蓋，幾乎找不到任何用軟木塞封瓶的酒了。這個趨勢迫使軟木塞廠尋求新方法以降低軟木塞感染的問題，例如在超過臨界點的高壓與高溫下，以液化的二氧化碳清洗藏在軟木內部縫隙中的細菌。雖無法根除，但近年來感染的比例已經開始降低。也許，我們還不用擔憂軟木塞開瓶器會在我們這一代成為只有在博物館才看得到的古老用具。

GRAND VIN

## 葡萄酒的長度

大部分的八點檔連續劇，即使灑再多的狗血，或者多麼地賺人熱淚，但真的精彩到足以讓人回味無窮的經典之作，卻是相當少見，必須由收視率決定成敗，要能成就精彩有深度的劇情確實很難。就像許多大量製造的葡萄酒，為了迎合大眾的口味，大多釀成簡單順口的通俗風格，雖然大多非常柔和好喝，但是喝過之後，卻也很少可以讓人回味無窮。

我曾經大不敬地問一位在西班牙斗羅河岸（Ribera del Duero）生產每瓶市價超過三百歐元的酒莊主，他釀的酒跟村內其他酒莊的葡萄酒有什麼差別。他很輕描淡寫地說，你可以發現，這裡的酒比其他的酒長多了。葡萄酒的長度（la longeur du vin）是分辨一瓶酒是否夠精彩的關鍵因素，他最後下了這樣的結論。

如果他釀的葡萄酒可以比其他賣三十歐元一瓶的酒莊長十倍，或許我可以考慮贊成他的說法。

在法文的葡萄酒術語中，葡萄酒的長度指的是在喝下葡萄酒之後，酒的餘香在口中所停留的時間長度。也常有人用香氣的持久度（persistance）來稱呼酒的餘香。餘香留存的時間因酒的種類和品質確實有許多差別。也有非常多的人跟這位莊主一樣，認為越好的葡萄酒餘香就越持久。在法國的一些品酒課程裡，會慎重其事地將葡萄酒的餘香量化成數字來表示，

如果有一天聽到有人說P. A. I.是五，他要說的其實只是餘香持續五秒鐘。餘香跟某些東西一樣，似乎越長且越持久就越受好評。不過，可以讓男人們鬆口氣的是，事實並不全然如此。

不同類型的葡萄酒，在餘香的表現上會有非常大的長短差距，某些類型的葡萄酒餘香就是特別長。例如在橡木桶中發酵的白酒，酒體清淡卻用深焙的全新橡木桶，喝完之後常會留下非常長的香草餘香，這樣的香氣雖然綿長，但是如香草香精般的香氣實在很難當做品質的象徵。貴腐甜酒的餘香也比一般葡萄酒還要來得長，原本香氣就已經非常濃郁，喝完之後更是齒頰留香，再好的干白酒或紅酒都很難可與相比。如果真要比較香氣的持久度，最好還是要分出量級來。

葡萄酒的氧化過程不僅會變化出更多陳年的酒香，餘香也常會變得更持久，這也是為何陳年的加烈酒餘香總是非常綿長，隨便一瓶市價十歐元不到的陳年波特或雪莉酒，餘香就比大部分的葡萄酒要來得長許多。更有趣的是，許多氧化壞掉的葡萄酒雖然口感失去均衡，但是卻可留下許多如核桃、肉桂、焦糖和蘋果皮之類的綿長餘香。

在法國出產的葡萄酒中，氧化程度最透徹的，是產自侏羅區（Jura）的黃葡萄酒（Vin Jaune），發酵完成之後要繼續在二二八公升的橡木桶裡儲存六年以上，而且任由葡萄揮發，不實施添桶，雖然酒的表面會飄著一層乳白色半透明的飄浮酵母薄層，可防酒變質，但六年的時間卻足以讓黃酒全然氧化，不僅裝瓶後可保存數十年甚至百年，開瓶後亦可保存數週。

因為氧化程度之高，可以想見的，喝完之後核桃、杏仁、蜂蠟與咖哩等濃膩的餘香保證絕對久留不散。如果要找法國的大傢伙，黃酒應該是最長的了。不過，葡萄牙產的馬得拉除了任由氧化還加熱，不僅更耐久，餘香甚至更勝黃酒。

長短也許重要，但是，香氣的品質更重要，豐富變化與均衡更是關鍵，在我的經驗裡，黃酒雖然長，但是，在我的品酒生涯中，餘香最長的經驗卻是不小心喝到的、一瓶帶軟木塞味的葡萄酒，帶著霉味的濕紙板氣味留在口中久久不散，即使之後還品嘗了多款的葡萄酒，但那股令人厭惡的木塞味卻總是揮之不去。

香氣與味道在我們的口中常常互相影響著，沒有特別注意，會把餘味和餘香混為一談。餘味是由口中的各種味覺感受延續而來的，例如在口腔壁上留下的單寧澀味，在喉嚨留下的酒精灼熱感，在舌根留下的酸味、甜味或苦味等等，和口中的香氣屬於不同的感官經驗。在專業的品酒中，並不特別注重餘味的長短，留得是否夠久，跟品質比較沒有關聯，但卻常常可以提供很好的指標，許多喝起來相當均衡的葡萄酒，因為有許多新鮮果味，掩蓋了缺點，要在喝完之後，在餘味中才會顯露出酒的失衡之處。而餘香也是如此，許多在喝的時候聞不到的香氣，卻常常只在餘香裡出現，留給我們最後的驚奇與猜測，這些，也許都比長度來得重要一些。

滋味

## 天鵝絨沙發的滋味

也許，生活的步調太快，工作的壓力太大，困在大都會裡的人們強烈地需要讓自己得到「弛放」，從辦公室直接轉進「沙發吧」舒壓。對於生活裡似乎永無止盡的緊張與戰戰兢兢，城市裡的男男女女並不急著要逃，只是想要暫時忘記肩頭上的重擔，欺騙自己相信生活裡還是充滿著美好與享樂。

就像現在，稿債纏身，家中ADSL斷線，被迫困守星巴克咖啡館趕稿上網的我，正讓身體深深地陷入，癱進落地窗邊那只橄欖綠天鵝絨沙發裡。雖然是織得粗鬆的絨布面，而且海綿墊軟塌的程度還一度讓我緊張地誤以為坐垮了這張全店唯一、好不容易占到的沙發椅；但是，沒有電音，光是襯著Chet Baker失重無壓的聲音，才剛坐下，沒去過「沙發吧」的我已經感受到那分甜美軟調，閒散慵懶，特屬於都會男女的舒服滋味。

但，可惜的是，那杯忘了添加大量蔗糖的「每日特選咖啡」，卻匆匆地又把我拉回了苦澀的現實。唉！是啊！偶爾也該讓我辛苦疲憊的舌頭，舒舒服服地躺進像這樣讓人墮落的軟調天鵝絨沙發裡。如果有這樣為味蕾準備的沙發，那一定是一杯用梅洛葡萄釀成的紅酒，一入口，就有豐沛的果味讓舌頭深深陷入圓熟豐滿的酒汁之中，在柔軟與滑順之間，單寧的澀味有如天鵝絨般，細細密密地輕撲著鬆弛減壓中的味蕾。

嗯，怎麼說呢？那是一種很柔軟又毛茸茸的舒服觸感，十分性感迷人的觸覺體驗。那種質感像是一杯滑潤中帶著細密磨沙感覺的綠豆沙牛奶，或是像白光那種慵懶、低沉、富磁性，而且有一點沙啞的嗓音，不是那麼清晰明亮，而是迷離暈眩的氤氳氣氛，絕對讓舌頭通體舒暢的滋味。

梅洛葡萄能有這般軟調、性感、引人墮落的享樂風格，背後其實有著許多原因。一來因為梅洛葡萄相當早熟，熟得快，葡萄的甜度高，可以釀成酒精含量比較高的紅酒，加上酸度也比較低，原就已經圓潤厚實的口感更顯出肥美福態，一副貴妃般的性感樣子。這就是梅洛沙發那讓舌頭要深深陷入的厚厚軟墊的由來。

另外，梅洛葡萄釀成的紅酒也以甜美的果香著稱，常有櫻桃與漿果的氣味，豐沛的果味非常直接、可愛。而更關鍵的是，梅洛葡萄的皮比卡本內蘇維濃來得薄，單寧的質地較為柔和順口，像織得有點散的天鵝絨，澀味不是那麼堅硬，有稱得上細緻，但帶豆沙般的質感。也因為這樣，梅洛釀成的紅酒熟成的速度比較快，不用等待太長的時間就可以開瓶享用，雖然來得快去得也快，卻正是我們這個一切講究即時行樂的時代，最上道的優點，很激情肉慾，也很直接，不會想裝高雅，一點都不在乎被稱為庸脂俗粉。

也許，正因為這樣的討喜性格，梅洛雖然在波爾多是較晚出現的品種，但卻已經成為當地種植最廣的葡萄了。但也許太享樂了，不太符合法國的口味，梅洛葡萄在當地卻也很少單

‧葡萄酒世界裡最昂價的天鵝絨沙發。

1989
PETRUS
POMEROL

獨裝瓶，總是要添加一些卡本內蘇維濃或是卡本內弗朗葡萄，讓酒稍微變得嚴肅認真一點，多一點高貴姿態的樣子。

玻美侯（Pomerol）是波爾多右岸的精華區，也是法國梅洛葡萄種植比例最高的葡萄酒產區，更是波爾多平均酒價最高的村子，不用說，葡萄酒界最高檔的天鵝絨沙發就產自這裡了。村子東北邊地勢稍微高起的低矮臺地上，有著深厚的黑色黏土層，因為生長困難，讓梅洛葡萄難得地表現了堅實高雅的口感，單寧的質感也更細密，有如緊緻滑細的絲絨那般精巧，這樣高貴的毛茸茸滋味價格自然也很高檔，黏土臺地上最著名的Château Petrus，光是二〇〇五年分的預售價一瓶就要三千五百美元以上，已經上市的二〇〇三年即使便宜一點，也要花上兩千美元以上，總之，絕對夠為我的書房買一只最上等的絲絨沙發了。

喝完最後一口一杯新台幣七十元的「每日特選咖啡」，望著手把絨面快要磨平的橄欖綠沙發，我疑惑地想著，該先買哪一種沙發呢？

# 葡萄酒的肥與瘦

在我們這個對身上贅肉斤斤計較的年代，胖瘦是眾人生活中關心的核心議題，不僅關乎健康，也關乎審美，甚至許多美體塑身的廣告不斷地要讓人相信那是終生幸福之所繫。總之，一談起肥瘦，總要逼得像我這種腹肚漸凸、有著中年燥鬱的人開始心神不寧起來。

葡萄酒也講究肥瘦，不過，先不要太緊張，絕不是因為葡萄酒有增肥瘦身的奇效，也不是因為葡萄酒常裝在細頸長瓶或圓胖矮瓶裡，而是完完全全有關於葡萄酒的口味風格。就像美女們燕瘦環肥各展風姿，葡萄美酒同樣有胖瘦之分。最明顯的例子是產自溫暖南方的葡萄酒，喝起來口感特別地圓潤豐滿，即使不帶糖分也一樣甜潤脂腴，這樣風格的酒在法文裡直接被稱為肥（gras），映入腦海的是法國可口的肥鵝肝，以及蔚藍海岸沙灘上成排閃著油光、躺著曬太陽的肥肚子，這樣的情景，喝一口隆河區的教皇新堡紅酒就能輕易體會，如果還覺得不夠，加州產的金芬黛（Zinfandel）肯定不會讓嗜肥族們失望。

相反的，來自寒冷地帶的酒就顯得清爽乾瘦，不帶豐盈，這樣的口感在法文稱為「乾」（sec），用在葡萄酒時，「乾」字其實有兩層意思，一指不帶甜味的葡萄酒，是一般最常見的類型，但另一方面也指風味特別細瘦的葡萄酒，像夏布利白酒，或是阿爾薩斯的黑皮諾，那些產自寒冷氣候、原本該釀成玫瑰紅的紅酒。其實，在法文裡也會用「瘦」（maigre）字來形容過於清瘦使得口味失衡的葡萄酒，但是明顯帶著貶意，「乾」字反而比較中性，可以有俊秀挺拔式的均衡。

葡萄酒口感的胖瘦之別並非出於想像，而是直接真實的味覺經驗，而影響風味變化的關鍵在於葡萄酒中所含的酒精、甘油和甜分的多寡。這三者的含量越高，葡萄酒的口感就越圓潤肥厚。在乾燥多陽光的溫暖地區，很容易就能生產出甜度特別高的葡萄，釀成葡萄酒後，其酒精濃度自然很高，加上釀造過程自然產生的甘油，即使所有糖分都已發酵成為酒精，口味依然是甜潤肥滿，均衡一點的像是一塊滿布油花的鮪魚肚，誇張一點的就成了膩人的肥豬肉了。

至於產自涼爽氣候的葡萄，甜度本來就低，加上酸度高，釀成的葡萄酒酒精濃度也低，欠缺酒精和甘油的潤滑效果，酸味和單寧澀味變得更明顯，酒的口感偏精瘦，比較能有靈巧明晰的細節變化，既飄逸而且有勁。但如果碰上陰雨少陽光的壞年分，酒的口感就會因為過於單薄而顯得瘦骨嶙峋。瘦一點的酒雖然沒有那麼甜潤可口，但是卻比較耐喝，也較適合配菜，肥胖型的酒比較可口，適合單喝，但喝多易膩。

和俊男美女們的身材一樣，葡萄酒的胖瘦主要還是在於先天的條件，不過後天的努力還是可以做適度的修改。有許多葡萄的種植和釀造技術可以為葡萄酒的口味塑身，讓釀酒師有更多發揮的空間。例如產自炎熱地區的白酒常常因為酸度低、酒精重而顯得太過於肥重，少

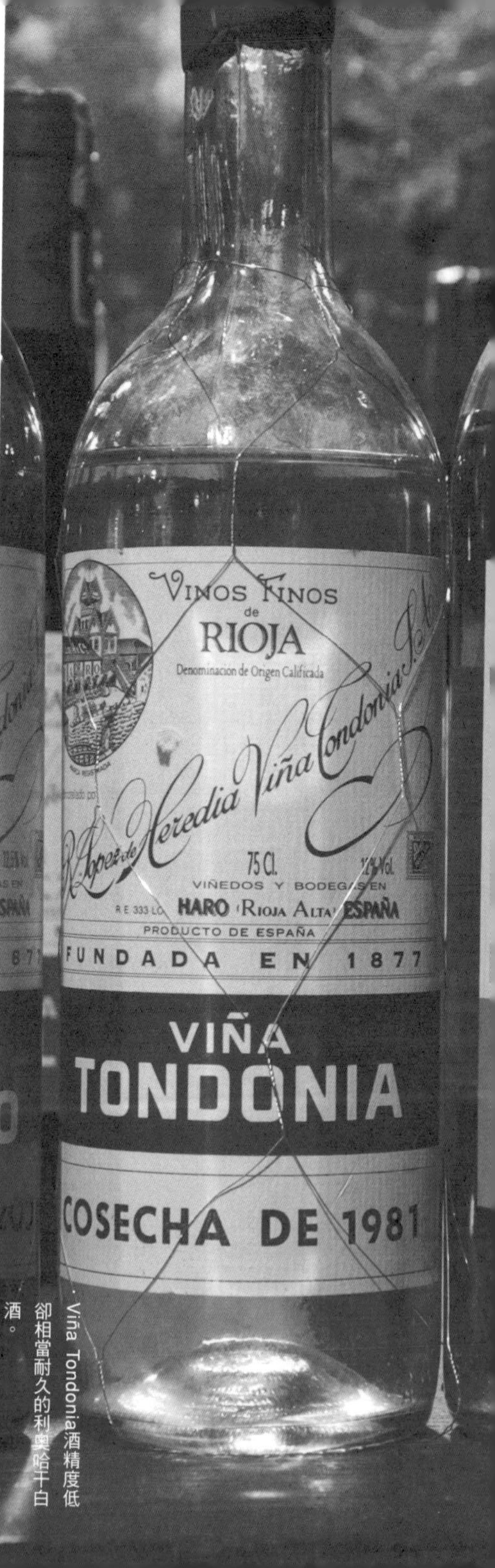


Viña Tondonia酒精度低卻相當耐久的利奧哈干白酒。

・教皇新堡紅酒有著地中海式的豐潤滋味。

一分清新明快的優雅風姿，這時酒莊可以利用提早採收來提高酸味、降低甜度，以增加酒的輕盈感。近年來肥胖豐盈的紅酒因為不用等待太久就可以開瓶品嘗，越來越受歡迎，這方面的技術也越來越盛行，例如將葡萄酒儲存於橡木桶內培養並混合死掉的酵母，就有為葡萄酒增肥的效果。不過，即使如此，自然還是最美，能表現土地風格的葡萄酒，不論胖瘦，都很值得品味。

即使是有著魔鬼身材的美女或猛男，終究要面對歲月無情地消長，終至走樣變形，而伴著年齡的增長，葡萄酒的胖瘦也一樣要隨著變化。即使是再飽滿的葡萄酒，到了衰老期，果味消失，酒將逐漸乾掉（desséché）變得枯瘦，失去年輕時的圓潤脂滑。所以酒的胖瘦也要看年齡，年輕時特別肥美的酒，年老時不見得還能維持。葡萄酒的均衡其實很微妙，酒精多的酒雖然年輕時可以甜美可口，但也可能幾年之後變成燒灼味蕾的兇手。

胖或瘦屬於美感的範疇，一瓶葡萄酒不論是豐腴還是精瘦，就如同飽滿圓潤的顏體字和瘦勁鋒利的瘦金體，兩者都同樣各成典型，各自有無可取代的迷人之處。葡萄酒講究的是均衡協調，至於是胖是瘦，只要口感不失衡，同樣都精彩可期。也唯有葡萄酒，讓燥鬱的肥瘦問題，也能帶著如此迷人的美味關係。

・即使有著大量的甜味，Ramos Pinto的陳年Tawny依然能保持著非常靈巧的優雅姿態。

RAMOS PINTO

## 好熱的葡萄酒

不知是上天的旨意還是自然與時代轉換的巧合，在過去的二十年之間，世界各地所生產的葡萄酒因為溫室效應的關係，酒精濃度越來越高，而且幾乎同時，全球葡萄酒市場的喜好也開始轉變，越來越偏好高酒精濃度、口感更濃厚的葡萄酒。許多西歐中北部的葡萄園因為平均溫度升高，得以經常生產出非常成熟、甜度非常高的葡萄，不僅採收的時間越來越早，而且釀成的葡萄酒也常含有很高的酒精濃度。這樣的情況在過去只會偶然出現，但現在卻是經常發生。

在法國的波爾多和布根地，過去大多在十月中之後才開始採收，但現在九月就開採了，有時甚至提早到八月。數十年來，許多上好年分的葡萄酒都僅含有十二．五％的酒精濃度，但是，現在即使是一般年分都至少含有十三％的酒精，至於過去意外發生的十四％濃度，現在卻已經是司空見慣的事了。這兩個法國最著名的產區，因為都位於氣候比較涼爽的區域，所以不同於乾熱的地中海沿岸，依法可以在葡萄酒裡添加一小部分的糖以提高酒精濃度，但是，以現在的情況來看，允許加糖的規定可能都是多餘了。

雖然高酒精濃度並非葡萄酒品質的指標，但是，因為更多的酒精所帶來的甜潤感，卻可以讓一般不帶甜味的葡萄酒喝起來更濃厚，讓嘴巴有完全被葡萄酒充滿的感覺，這樣的口感在我們的時代確實比較討喜，也比較容易被理解，特別是在葡萄酒並不一定被當成佐餐飲料的時刻，或者，在菜色味道特別濃厚粗獷的地方，多酒精的葡萄酒特別受到歡迎。但是，過去在西歐，太多酒精對一瓶葡萄酒而言，絕對是一個缺點，至少，會有失衡而不夠優雅的疑慮。

第一次讀到有人用如波特酒（Port）一般濃厚來形容波爾多的葡萄酒時，確實有受到驚嚇的感覺，畢竟波特酒是含有二十％酒精濃度以及許多糖分的紅酒，濃得可以配稠密的黑巧克力。但是，最近幾年來，真的像波特酒那般濃稠的干型紅酒卻也已經喝過了不少，加州產的金芬黛、西班牙的Toro、南澳的希哈，都可釀出濃厚高酒精的口感，確實讓人不得不聯想起波特酒。相信以後還會有越來越多這樣的葡萄酒出現，只是，不知全球升溫的這波熱潮會把葡萄酒世界帶到什麼境地。是改變葡萄酒的地圖？還是讓我們只剩下濃厚多酒精的葡萄酒可以喝？

現在這一代的酒莊，即使真的想釀造跟以前一樣高雅，品質優秀，非常耐久，卻又低酒精的葡萄酒，也不再是那麼容易了，不僅自然的天氣不允許，現在的葡萄酒市場似乎也不再能接受頂級紅酒僅有十二．五％的酒精濃度。許多人誤把高酒精當成品質指標，讓酒精濃度只有十二．五％的頂級紅酒已經變得非常稀有少見了。

在二十一世紀初，布根地就已經有人未雨綢繆地認為，該往更寒冷的北方尋找更適合黑皮諾的寒涼氣候，只是，氣候改變，人們對葡萄酒的喜好也同時在改變，高酒精、充滿甜熟果香的紅酒比以前更受到熱愛，跟全球氣候的溫室效應一起正在改變全球葡萄酒的風格。唯一可以確定的是，清爽均衡、優雅婉約的葡萄酒正日漸減少中。也許再過一陣子，這些低酒精的優雅紅酒與清爽白酒，會因為稀有而多受到一些注意，成為下一個新的葡萄酒風潮，畢竟，這些葡萄酒才正是我們在餐桌上最適合，也最想一喝再喝的那一瓶。

法國人用熱（chaud）來形容酒精太多的葡萄酒，因為酒精過多會跟像喝伏特加這些烈酒一般，讓舌頭和喉嚨產生灼熱的感覺，這樣的形容確實很傳神，而且天氣越熱的地方，常常葡萄酒內所含的酒精就越高。和熱相反的形容詞是清涼（frais），是用來形容多酸的葡萄酒，同樣相關聯的是，涼爽的天氣也可以讓葡萄保有爽口的酸味，喝起來有更清涼的感覺。

在我們這個時代，天氣越來越熱，葡萄酒也一樣很「熱」，何時，葡萄酒才能像今年春夏的時裝一樣吹起清涼風呢？

・酒精濃度十二%的Château Haut Brion 1985與十三・五%的Grange，最新上市的二〇〇一年分已經高達十四・五%。

CHATEAU HAUT BRION
1985
GRAVES

Penfolds
Grange Hermitage
BIN 95
BOTTLED 1990

## 男人・酸味・葡萄酒

「男人怕酸！」

是大安路上賣M牌咖啡的老闆說的。

很酸喔！女孩子喝的。每回我想買坦尚尼亞吉力馬札羅山的Peaberry咖啡豆時，他總要極力阻擋，好像不怕酸就不是男人似地重複這一句。

女人和酸味確實多一分親近，如果不是多疑愛吃醋，或滿溢著酸葡萄的嫉妒心，至少害喜時總要猛吞酸梅。但即使如此，酸味還稱不上是女人獨享的專利，沒錢的男人不是也常被嫌窮酸，不愛洗澡的身上還常散著酸臭味。

我常這樣想，怕酸的人應該不會喜歡葡萄酒吧！

所有葡萄酒都是酸的，而喜歡喝葡萄酒的男人卻比女人還多。

會有這些無關邏輯的想法，是要讓我在買很酸的咖啡豆時，不會覺得有損男子氣概。

酸味是葡萄酒味覺品嘗裡最關鍵的味道，特別是白酒，酸味不足的白葡萄酒如同缺少冷媒的冷氣，拚命轉，但就是冷不起來，算是致命的缺點吧！酸味一高，入口的葡萄酒有如一陣涼風吹過，口味特別地清新爽口。法國的酒評家很喜歡賣弄文字地說「這酒很涼」（un vin très frais），常有人誤以為是酒的溫度夠冰，其實真正的意思是說酒的酸味夠好。

・在加州中部海岸的Santa Rita Hills，即使是夏多內白酒也有令人振奮的酸味。

對於味蕾，酸味具有振奮的效果，可以讓酒的味道顯得神氣有精神，讓其他的味道也跟著活潑鮮明起來。我總覺得，酸味像是味覺的興奮劑，那些帶著許多迷人酸味的北地白酒，像夏布利、阿爾薩斯的麗絲玲、香檳或是松塞爾（Sancerre），常可以酸得震懾人心，甚至，讓人神經緊張，法國人用帶著神經質的煩躁（nerveux）來形容酸味很高的白酒，實在是非常傳神。男人如果喜歡灑上鬍後水那種刺激的感覺，肯定要愛上葡萄酒為味蕾帶來的酸味。

如果酸味是興奮劑，味覺的鎮定劑該是甜味吧！葡萄酒的味道一甜美，味蕾上好像被罩了一層柔焦鏡片，畸角疤痕都被化去了，入口舒坦甜潤，氤氳迷幻，溫柔軟調地好像多喝幾口哈欠就要隨後跟著上來。像是這種少了酸味，一味甜美的葡萄酒，在法文裡直接用軟弱無力、萎靡不振（mou）來形容，少的就是那股帶英雄氣、能打破遲滯的強勁精神。

葡萄酒講究的總離不開均衡這兩個字，當葡萄開始進入成熟期時，酸味開始減少，糖分不斷增加，抓住這酸甜交會的關鍵時刻採收葡萄，是所有釀酒師必備的本事。過了成熟期、太晚採的葡萄酸味不夠，釀成的酒平淡沒生氣，採太早，那生青未熟的葡萄，釀成的酒肯定是太酸太「綠」（vert）。法國人用綠色來當酸味形容詞中的最高級，顯然是將「綠」當作成熟的反義字。那過頭的綠色酸味不僅會讓人神經緊張，而且是直接施於舌頭的味覺暴力，即使有再多的甜美果味也蓋壓不住。

葡萄酒的酸味是由許多種不同的酸所構成的，每一種酸味的質感也不盡相同。在葡萄裡含量最多的是酸性特別強的酒石酸，粗獷的蘋果酸次之，因為不是很穩定，常會藉由乳酸菌轉化成柔和順口的乳酸。其他水果中常見的檸檬酸反而比較少，缺酸的葡萄酒偶爾會加檸檬酸來彌補，但是和酒裡的酸合不太來，老覺得那加入的酸一支獨秀，鋒利異常。並非所有葡萄酒裡的酸味都是受歡迎的，葡萄酒變質產生的醋酸就常會壞了葡萄酒的香氣和口感，醋的尖酸會讓葡萄酒的各式味道彼此更加疏離，老了、氧化掉的酒，像被這醋酸拆了骨頭，乾枯分散，彈性與張力盡失。

除了味覺上的妙處，酸味還具有保存葡萄酒的功能，一瓶葡萄酒要經得起陳年，除了要均衡，酒精或糖分如果特別高，也可以讓酒的壽命撐得久一點，但是酸味高的葡萄酒除了耐久存，更重要的是還能保存新鮮的果味。德國產的許多白酒雖然酒精濃度很低，但卻能永保年輕，靠的就是酒裡驚人的酸味。我們習慣地認為清淡的葡萄酒不耐放，但事實上產自寒冷氣候區的白酒雖然口味淡，但因為酸味也高，常常能意外地成為陳年佳釀。

在知識上，我並不特別喜愛吉力馬札羅山的咖啡，偏酸偏淡稱不上磅礡豐厚的格局，但淡淡地喝卻很耐喝，這就是酸味迷人的地方。葡萄酒能成為全世界最適合開胃和佐餐的飲料，靠的也是這酸味，把酒裡的神氣活現也傳到菜裡、胃裡，驚醒騷動味覺的神經。

男人，怎可以怕酸。

## 空氣的滋味

東方空靈的意念慢慢地滲入了歐洲名廚的廚房，成就了許多大受好評的當紅名菜。也不知道是福還是禍，一百多歐元的豪華美食套餐，吃上一口，卻是滿嘴空蕩蕩的感覺，這已經不再只是夢境裡才有的場景，稍微趕得上浪潮的各國頂級餐廳，都已經把空氣的滋味帶入菜單裡了。從最早還「吃」得到東西的慕思，到之後主廚們把卡布奇諾咖啡裡的奶泡直接搬進餐盤裡，現在，則各式各樣的可食液體，都被絞盡腦汁的主廚們打成各種虛無飄渺的氣泡團，取代濃厚的醬汁，輕盈地飄入餐盤，讓慕名而來的食客們親身體驗一下空的滋味。

葡萄酒裡也常有氣泡，不過，氣泡為葡萄酒所帶來的味覺經驗，卻不是單單只有空靈，氣泡雖然沒有味道，但是卻可以讓葡萄酒的滋味有更豐富的精彩變化。那些自香檳杯底升起的美麗氣泡，在讓口感重量變得輕盈爽朗的時候，卻又因為氣泡在舌頭上的刺激感，同時讓酒顯得更強勁有力。而這些常可以讓疲憊的味蕾精神大振的香檳氣泡，卻又有著那般珠滑細緻的質感，就像手感強而有力的按摩師，藉著力道深沉卻溫柔靈巧的揉壓功夫，幫舌頭來一個舒壓提神、通體舒暢的氣泡SPA。

葡萄酒在酒精發酵時會產生二氧化碳，所以大部分出現在葡萄酒裡的氣泡都和啤酒以及所有碳酸飲料一樣，是由二氧化碳所構成的，不過，同樣是二氧化碳，氣泡的質感卻因為釀

・紐西蘭名廚的夏多內白酒奶油泡沫。

造方式的不同而產生了天壤之別。例如所有的香檳以及頂級的氣泡酒，在製作的過程中都必須將釀好的酒先裝入酒瓶中，再放入低溫的地下酒窖，讓酵母自然地在瓶中以很緩慢的速度進行第二次的酒精發酵，將產生的二氧化碳封存在瓶中；在這樣條件下產生的氣泡，有著特別迷人的口感，精巧細緻，滑柔而不咬口。

當然，直接在酒槽中進行二次酒精發酵，或甚至像汽水一般直接添加二氧化碳，也一樣能釀成氣泡酒，不僅省時省事，也更省成本，但是，用這些方式所釀成的氣泡不僅粗大，甚至常常顯得刺激咬口，很難表現得像香檳酒那般強勁、卻又高雅精緻的氣泡。

法國人稱不會冒泡的葡萄酒為「寧靜的葡萄酒」（vin tranquille），不過，這些不會滋滋作響的葡萄酒並非全然沒有氣泡，有些新鮮多果味的年輕白酒像Muscadet或甚至像許多趕早上市的薄酒來新酒，也常見到些微的氣泡在酒中飄蕩，並非全然那麼「寧靜」。這些在酒精發酵之後沒有完全散去的二氧化碳，並不是意外出現的，常常是釀酒師故意留著，讓微微的氣泡若有若無地刺激著舌頭，為原本清淡單薄的酒增添一些味覺的變化，而且重點加強了酒的清新爽口特性。雖說如此，如果是在耐久存的頂級葡萄酒裡出現了氣泡，那可能是真的發生意外了。

二氧化碳雖然沒有氣味，但是氣泡酒卻比「寧靜的葡萄酒」有著更濃郁的酒香。在杯壁形成的氣泡在升到表面裂開消失之前，就已經飽含著葡萄酒的香氣分子，藉著氣泡的帶引與攪動，酒香非常容易就散發出來，而且順著不斷破裂的氣泡湧出，香味特別強勁而集中。品嘗「寧靜的葡萄酒」時常需要搖晃杯子，讓香味散發，喝氣泡酒的時候就不用這麼辛苦了。

多年前，開始有加拿大酒莊想到將極甜的冰酒釀製成氣泡酒，我喝過幾回，覺得這該算得上是一項充滿創意的新創舉，而且，也讓我們見識到氣泡對於葡萄酒味覺的作用有多大。那些極度濃甜的冰酒，經過瓶中二次發酵之後，在酸味之外，還又多了氣泡的支撐，那冰酒的滋味就像抹了緊緻活膚霜的眼袋，馬上精神緊繃了起來。氣泡酒的精髓就在這，就像單寧澀味為紅酒建起了結實的口感架構，氣泡在口中形成的觸感，也為葡萄酒帶來強而有力的口感支撐，因為這樣，即使佐配味道重、個性強的菜肴，也不會完全被淹沒。

但不僅如此，氣泡的滋味裡似乎還包藏著其他不可知的神祕分子，讓一切在開瓶之後，永遠熱鬧繽紛，也在我們的身體裡，澎湃洶湧。

## 當澀味變成美味

大部分的人都喜歡甜美，討厭酸澀，在文字裡人們用苦澀來形容心中的傷痛，用青澀來比喻充滿憂鬱的年少時光，澀味就像是味覺裡的陰霾，讓人想去之而後快。但是，在美味的世界裡，除了味覺受虐狂之外，澀味真的永遠只能扮演負面的角色嗎？其實，完全異於我們的習慣，在葡萄酒的領域裡，澀味卻擁有前所未有的美味價值。

特別是在紅酒裡，少了澀味必定要因此黯然失色，許多年輕的頂級紅酒，不管有多少圓潤的果味，酒中澀味通常是非常重的，但卻一點也不會影響它們成為頂尖佳釀。也許，這正是紅酒品嘗中最讓人疑惑的關鍵，特別是對初嘗紅酒的人，那澀味總教人不知如何面對，也曾澆熄了許多人對葡萄酒的好奇，錯失了葡萄酒味覺探險的機會。其實，這澀味正是認識紅酒的核心課題，可以當成愛上紅酒的探密鎖鑰。

葡萄酒中的澀味主要是由單寧（tannin）所造成的，單寧是一種酚類物質，普遍存在許多植物之中，單寧會和口水中的蛋白質產生聚合，減低口水的潤滑效果，產生收斂性，造成澀味的感覺。葡萄酒中的單寧主要來自葡萄皮，白酒因為採用直接榨汁，汁和皮接觸的時間很短，所以白葡萄酒中含有的單寧非常少，自然沒有太明顯的澀味，除非是經過泡皮的橘酒。紅酒在釀造的過程中會進行泡皮，讓葡萄皮中的單寧和紅色素溶入酒中，所以含有較多

・經過橡木桶培養可以將單寧的澀味修飾得更圓滑細緻。

TONDON

的單寧，澀味比較明顯。口感上是否有澀味，是紅、白酒間最大的分野。

單寧在紅酒中扮演兩個核心的角色，首先，單寧產生的澀味提供味覺的骨架，支撐葡萄酒其他的味道，形成更立體多面向的味覺經驗。就像蓋房子一樣，澀味有如紅酒味道的梁柱，架構出味覺的空間，而甜潤的酒精、甘油和果味等等則是壁面和裝飾，味道濃重的紅酒如果沒有單寧，就像垮成一團的房子，再多的裝飾都會成為多餘。其實並非只有紅酒裡含有單寧，我們平常喝的茶，或是其他飲料，像苦艾酒、杜松子酒甚至可口可樂，也都含有單寧澀味來做為味道的骨幹。

除了味覺上的重要性，單寧還扮演保存葡萄酒的重要角色。因為單寧具有抗氧化物的功能，可以減緩葡萄酒氧化的速度，讓紅酒在成熟老化的過程中更耐久存，得以在時間的醞釀下培養成迷人的陳年佳釀。所以一般耐久的紅酒常常含有較多的單寧，特別是在年輕的時候，即使澀味多一點，卻常能為酒迷們所接受，因為這時的美味意義是建立在未來的潛力之上。因為，在紅酒的熟成過程中，單寧的分子會彼此聚凝成較大的分子甚至沉澱，酒的口感也跟著逐漸變得越來越柔和圓順。

同樣是澀味，在葡萄酒中卻可以分出許多的差別，形成不同風格的葡萄酒，甚至常常成為一瓶紅酒好壞的關鍵。單寧少的葡萄酒會顯得特別柔和可愛，單寧多則會變得緊密堅實，比較嚴肅。除了輕重，澀味更講究質感的細緻表現，單寧的粒子要細，絕不能過於粗糙咬

・單寧滑細成熟的Mouton 86。

la récolte 1986
291.800 bordelaises et
7.250 magnums et
tout en bouteilles au
ma 64ème vendange
Château
outon Rothsch
PAUILLAC

7
GRAHAM'S
1997
VINTAGE
15280

AD
FINES

VEGA-SICILIA
"UNICO"
Ribera del Duero
Denominación de Origen
13,5% Vol.
Nº 00146

口，劣質的澀味很少會因為時間而變得柔順，採用未全然成熟的葡萄、過度萃取都有可能釀出這種讓人嫌惡的澀味。

不同的葡萄品種也會產生不同風格的單寧質感，最著名的是像布根地產的黑皮諾，有如絲綢般非常滑細而且緊密的質感。波爾多的卡本內蘇維濃葡萄單寧更加緊密結實，但粒子略大，質感反而較像天鵝絨般，帶著分量的細緻，不同於黑皮諾輕柔的水滑質感。至於同是波爾多的梅洛葡萄雖然單寧比較圓滑溫和，但和前兩者比起來單寧粒子較粗，有豆沙般的質地。

雖然葡萄皮裡的單寧比其他植物中的單寧來得細緻，但新釀成的紅酒澀味還是多少帶點粗獷氣。利用不同的培養方法來磨細酒中單寧，雕琢出質感細緻的澀味，便是釀酒師的重要工作，從傳統的橡木桶培養到現今以奈米技術作微氧化處理等等，都有柔化單寧的作用，讓酒中的單寧質感能更細緻，而且為紅酒帶來穩固堅實的均衡風格，在舌上穩穩地蓋起一座穩固的古典神廟。這就是紅酒裡的單寧，一種讓澀味得到全新評價的味覺感受。

．細膩的黑皮諾紅酒，堅實的希哈葡萄，雄壯的斗羅河岸酒款與濃厚的年分波特（Vintage Port）。

## 酒精為萬惡之首？

在我們這個越來越文明的社會裡，酒精也慢慢地變成了葡萄酒的原罪。除了帶來酒醉，酒精真的一無是處嗎？

在一家多次因搖頭性愛派對而聲名大噪的五星飯店裡，品酒餐會已經快到尾聲了，主辦的酒商公關體貼地關切開車前來的賓客們，我用著求饒的口氣解釋著：「我真的只喝了一杯！」但是，他們還硬是不讓我開車回家，好像我是個駕著滿車黃色炸藥的恐怖分子。其實，我真的沒有說謊，一整個晚上七款葡萄酒加起來，喝進肚子裡的不到一〇〇毫升，其他的全進了吐酒桶了。算算這麼多年來的葡萄酒生涯，吐掉的酒，比喝進去的大概要多出十倍，想起來還真是悲哀。不是酒爛喝不下肚，而是天生酒量不佳，每回品嘗的葡萄酒數量常以打計，即使各僅是一小口，累積起來難免要醉翻。

在沒有搖頭丸與大麻的時代，葡萄酒因為是歐洲最普遍的酒精飲料，曾經扮演希臘人和羅馬人慶典裡集體狂歡的催化劑，讓人暫時解除規範與束縛，宣洩壓抑的情緒和慾望。蒸餾技術勃興之後烈酒橫行，酒精濃度低的葡萄酒對追求酒醉的人來說，劑量實在不夠高。葡萄酒的喝法斯文，而且台灣平均每人一年喝不到兩公升，只是影響酒醉的極邊緣肇因。

在葡萄酒裡，酒精除了醉人之外，其實還扮演了許多關於美味的重要角色，只是，即使

・酒精最多的加烈酒常常將近二十%，但卻可以嘗不出酒精味來。

1999
NOVAL
FINE PORTS SINCE 1715
UNFILTERED
LATE BOTTLED VINT
PORT
BOTTLED IN 2005 BY
QUINTA DO NOVAL
VINHOS S.A. PINHÃO
19,5%Vol. PRODUCE OF PORTUGAL

・一瓶酒如果沒有足夠的甜味和酒精，實在很難搭配加了Sabayon醬的甜點。

・來自加州、甜美高酒精的金芬黛。

是從味覺與嗅覺的角度，在葡萄酒裡的酒精卻還是一直被要求要低調表現，不能強出頭。和糖、酸以及單寧一樣，酒精也跟葡萄酒的保存有關，酒精濃度越高，酵母、醋酸菌等微生物就越難在葡萄酒中生長，酒就越容易保存。在葡萄酒裡添加酒精製成加烈酒，在十七、十八世紀開始風行，當時波特酒和雪莉酒等都因為添加了酒精而變得更耐久放，經得起長途的路運和海運，因而大受歡迎。

因為有久存的潛力，葡萄酒才得以變化出更豐富的香氣和複雜的口感。雖然在玻璃酒瓶普遍使用後，非加烈酒也能耐久放，但加烈酒確實比較不會變質，可以在橡木桶中待上更長的時間。

酒精的揮發性佳，酒精濃度高的葡萄酒因為香氣分子更容易散發，所以通常會比一般葡萄酒的香氣更濃郁一點。不過，酒精濃度高、但酒香不足的葡萄酒，其酒精味卻常會掩蓋過其他的香氣，讓酒顯得乏味，特別是在氣候炎熱，葡萄成熟特別快的地區所出產的葡萄酒。另外，一些過老、開始走下坡的老酒，因為香氣減弱且失去均衡，酒精味也會特別明顯。雖然葡萄酒含有酒精，但是在香氣裡如果直接出現酒精味，卻反而會成為一瓶酒的負面指標。

由葡萄糖發酵轉化而來的酒精會讓葡萄酒喝起來顯出溫潤與豐滿，所謂的酒體（英文的body或法文的corp）通常指的就是葡萄酒中的酒精。而一瓶酒體豐滿的葡萄酒，其酒精濃度通常都要超過十三%以上。也因此，氣候越炎熱、葡萄成熟度越高的產區，釀成的葡萄酒酒精含量也越高，酒體也就越加飽滿。

德國葡萄酒在法國一直沒有受到重視，除了因為法國人強烈的民族自尊外，更重要的原因在於，法國人不知如何欣賞德國那些酒精濃度低，卻又非常濃厚的貴腐甜酒與冰酒。其實，不僅僅是酒精，葡萄酒中的糖分以及甘油也具有讓酒體變得更豐滿的功能。因為糖分取代了酒精的功能，為德國葡萄酒帶來豐厚的口感，對於習慣以酒精評估酒體的法國人自然會覺得無所適從，甚至常給出負面評價。

糖與酒精在葡萄酒中有著相當微妙的關係。例如酒精濃度高達二十%的波特酒，除了酸味，卻因較高的酒精濃度均衡了一部分酒中的甜味，但是在其他甜酒裡，酒精卻常讓酒變得更加甜膩。所以均衡能否產生，其實有許多的變數。酒精太高最忌諱的是葡萄酒入口後因為酒精太多，在口中產生令人不快的燒灼口感，破壞了酒的均衡與細緻。單寧比較重或酸味高的葡萄酒，我們都還可以期待經過培養熟成後，可以變得更可口，但若是酒精過重，很難在未來變得更好，所有因酒精太多而失去均衡的葡萄酒，只有趕緊開瓶品嘗一途了。

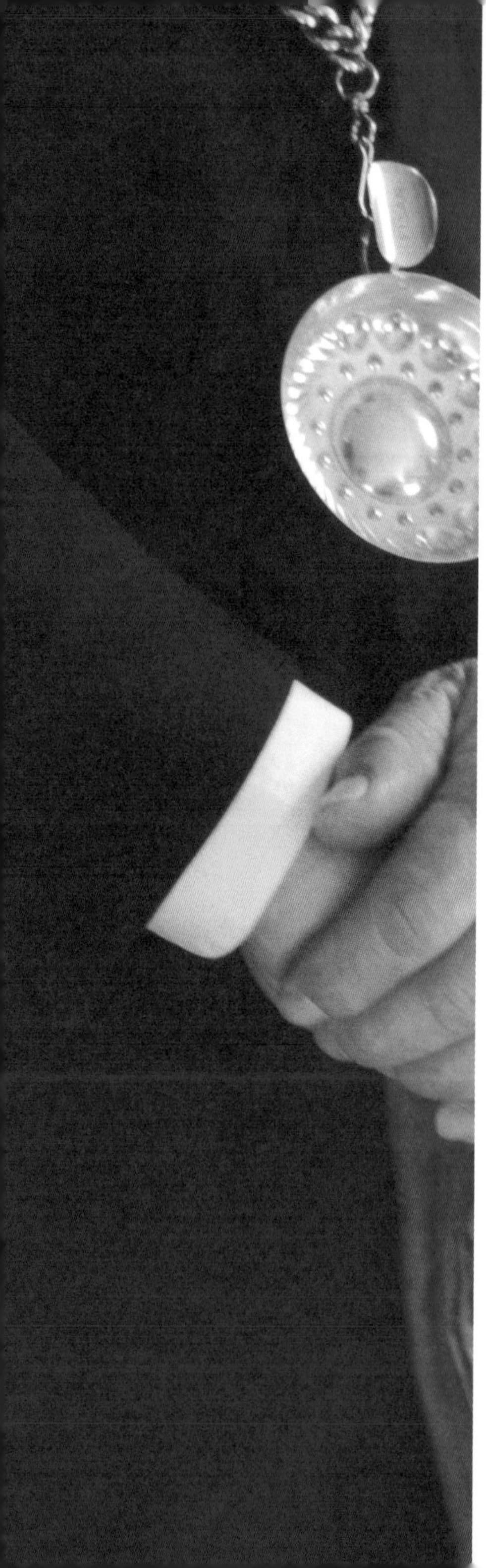

Part 3

# 誰來晚餐

在法國和西班牙，都習慣把葡萄酒和食物的搭配比喻成是酒與菜的結婚。不管是門當戶對或是自由戀愛，每一次的葡萄酒晚餐，我們都要當一次證婚人，王子與公主要從此過著幸福快樂的日子，還是成為打鬧一生的怨偶，全都決定在我們的一念之間。

## 人酒配

葡萄酒不是一個人喝的酒！

我一直抱著這樣的想法。因為葡萄酒的天性本是如此，酒開了，就要喝完，有時，隔上幾個小時就開始要變味了。除非，一個人可以一次喝完一整瓶，不然，都是可惜，喝到精彩的酒沒有人可以分享，那更是遺憾。喝啤酒就沒有這樣的麻煩，一晚一個人就可以喝好幾瓶，烈酒更沒問題，開一瓶可以喝上一整年，而且任何時候喝味道都差不多。

喝葡萄酒需要酒伴，有許多酒迷常為珍藏的葡萄酒尋不得酒伴而苦，也許算是葡萄酒的宿命吧！但也因為這樣，讓喝葡萄酒成為一件更有趣的事。不同的酒適合搭配不同風格和類型的菜肴一起品嘗。跟不同的人喝，適合的葡萄酒也不一樣。就如同可以為晚餐的燉牛肉準備一瓶隆河丘紅酒（Côtes du Rhône），今晚誰來晚餐，也該要挑一瓶最恰當的葡萄酒一起喝。

如果說葡萄酒與菜肴的搭配是美味與創意的表現，那葡萄酒和酒伴的搭配也同樣可以是一門藝術，無論是總統國宴、討好顧客、訂情晚餐、朋友小酌、巴結上司或是報復情敵，葡萄酒都可以是建構人際關係的重要工具，同時，為不同的人挑選特別的酒，也同是人生中美味與創意的展現。當然，對法國人來說，有時這也可以是人生成敗與幸福之所繫。大概跟日本的送禮文化可以等量齊觀吧！

在法國，到親朋好友家吃飯，最常見的是拎一瓶葡萄酒當伴手，和大家一起享用。不論是自家酒窖藏的或是葡萄酒店選的，挑選哪一瓶，常常需要費些心思。如果是熟朋友，自然瞭解對葡萄酒的喜好，如果不熟，可以先設想推敲一下。在葡萄酒的選擇上，法國人的地域概念非常強，在東部的布根地，要老一輩的人喝波爾多紅酒簡直像要他們的命似的，而如果是西部來的，從諾曼第經布列塔尼，沿大西洋岸到西南部，大半是喝波爾多紅酒的吧！至於社會階級、政治理念，也會有些影響，左派知識分子，也許比較喜愛南部隆河區紅酒，保守布爾喬亞出身的，平時喝的大概不出香檳、波爾多。也許是愛國心強，即使到了今天，在法國喝外國酒還算是件挺前衛的事，所以搞藝術創作的，也許來點義大利或加州酒，應該也無所謂吧！總之，選對酒肯定會特別受到歡迎。

開放如法國，男女之間還是存在許多刻板的差異，例如，上餐廳吃飯，負責挑選葡萄酒的，多半還是男生，男女約會晚餐更是如此。現成就有一個例子：趕在餐廳的侍酒師（Sommelier）前來點酒之前，我聽見我的布列塔尼同學如花似玉的美麗老婆伊莎貝爾，一邊望著她的老公，一邊對著同桌的朋友們感嘆地說：「要知道男人什麼時候不再愛你，其實很簡單，就從上餐廳不再為你點香檳的那一天開始！」言簡意賅，全天下的男人都該當引以為鑑，這個時候，香檳的錢，怎麼也省不得。

在法國，一瓶市價三十歐元的香檳，在餐廳裡常常要價四、五倍以上，也許正好給男士們用當兔大頭來表達心意的機會吧！雖說女人心海底針，但是在喝香檳這件事上倒是不難捉摸，總之，男士們，點就對了！

用葡萄酒表達心意的方式有很多種，有時候心意被知道是很重要的一件事。招待客戶的商務晚餐上，心中想著如何接到這些日本客戶的訂單，這個時候需要的是一些全球聞名的昂貴名酒，重點不在於酒貴不貴，而是要像瑪歌堡或是Château Petrus這種連在日本大部分的人都知道很貴的酒，如此花大錢才算花在刀口上。

如果真想討上司的歡心，當然可以很巴結地花上百歐元開一瓶香檳王Dom Perignon，不過，如果上司真的懂酒，還是開一瓶風格獨特、卻不知名的葡萄農香檳來得實際有效，不僅省錢，而且表達心意卻又不著痕跡，還可以讓人對你不迷信名牌、獨到的選酒能力刮目相看，畢竟過度巴結是很容易被看低的。

至於要請有意搬來長住的岳母晚餐，倒是可以考慮開一瓶口感又緊又澀、常讓人知難而退的馬第宏紅酒。如果是未來的岳母，建議試試既香且甜的索甸（Sauterne）貴腐甜酒吧！無論如何，喝下這些酒的感受肯定是點滴在心頭。

·紐西蘭黑皮諾，Barsac貴腐，遲摘麗絲玲與歐陸甜紅酒。

RECIOTO
2001
DOW'S
2000

VIN DE SAUTERNES
CRU

## 葡萄酒殺手

「葡萄酒是全世界最適合佐餐的飲料。」沒錯，這句話是最高級的肯定句。變化豐富的口感是它贏得頭銜的主因，加上有像藍黴乳酪和貴腐甜酒這種完美配對的天作之合當佐證，很少有人敢懷疑葡萄酒在餐桌上的地位。但是，很矛盾的是，稱得上是葡萄酒殺手的食物卻又特別多，當這些特別的食材和葡萄酒在餐桌上碰頭時，輕者會讓葡萄酒美味盡失，重者甚至讓美酒美食同歸於盡，嗜酒食者不可不慎。

在眾多葡萄酒殺手中最惡名昭彰的包括許多常見的日常食材，這份黑名單會讓常以葡萄酒佐餐的人突然覺得原來餐餐都充滿著凶險。包括像蒜頭、薑、山葵、醃黃瓜、泡菜、生白蘿蔔、醋、咖哩、冰淇淋、巧克力、烈酒、葡萄柚等等，都可能是在餐桌上扼殺葡萄酒的現行犯。夠恐怖吧！我們每天的菜肴總少不了蒜頭、薑、酒或醋這類東西，如果真是如此，葡萄酒又如何能稱為最適合佐餐的飲料呢？

餐酒配的精彩微妙之處其實就在這裡，雖然殺手多，但如果調理得當卻可以逢凶化吉，像薑、白蘿蔔、茴香、芹菜和蒜頭，如果煮熟就不會影響葡萄酒。甚至如果真要生食不可，也可以根據這些食材對葡萄酒的殺傷力，借力使力找出不會相剋的酒來，在這裡，葡萄酒就完全展現它的特長，因為口味種類實在太多，再挑剔的人都一定可以找到相速配的葡萄酒。

蒜頭濃重又刺激的味道，和紅酒裡的單寧與白酒裡的酸味全都合不起來，常常讓酒產生苦味，不僅破壞酒的味道，酒精也會讓生蒜頭的味道更刺激。但是將蒜頭泡在油裡，放到烤箱裡烤成油封蒜頭，再打成又香又滑潤的蒜泥配炸蛙腿，這道法國布根地的名菜，如果能有一瓶同樣香濃脂滑的陳年Meursault白酒，那會是布根地最讓人懷念的美味記憶。但是，前提必須是煮熟的蒜頭，在台灣，加生蒜茸的沾醬特別多，就不得不特別小心。如果避免不了，精緻的好酒最好全收起來，紅酒和太酸的干白酒也最好迴避，獨獨香味濃、酸味低、帶有許多酒精與圓潤口感的干白酒和粉紅酒，可以抵得住強烈生辛的蒜頭。

也許是命中註定吧，這一類的干型白酒和粉紅酒主要來自歐洲蒜頭吃得最兇的地中海沿岸，從西班牙的加泰隆尼亞（Cataloña）經過法國的隆格多克和普羅旺斯，到義大利的托斯卡尼（Toscana）與Lazio。優雅淑女們最怕的生蒜沾醬，像配馬賽魚湯的rouille棕紅醬或是生蒜頭調進美乃茲裡的aïoli醬等等，可全是地中海岸居民們餐餐必備的。人們常說地菜要配地酒，這應該可以算是另一個實證吧。

醋是另一個最常見的葡萄酒殺手，連用醋製成的沙拉醬、泡菜或酸黃瓜等醋漬品也一樣須特別留意。在法國料理中有些醬汁會加醋烹調，久煮之後，醋酸已經揮發，在配酒時並無大礙，但是如果是加在生菜沙拉上的油醋醬，那就要小心。醋的酸味會讓一些葡萄的味道失衡，其香味更和葡萄酒遭醋酸菌感染變質所產生的氣味一模一樣。一遇到醋，好酒和變質的

・酒醋與蒜頭醬慕思。

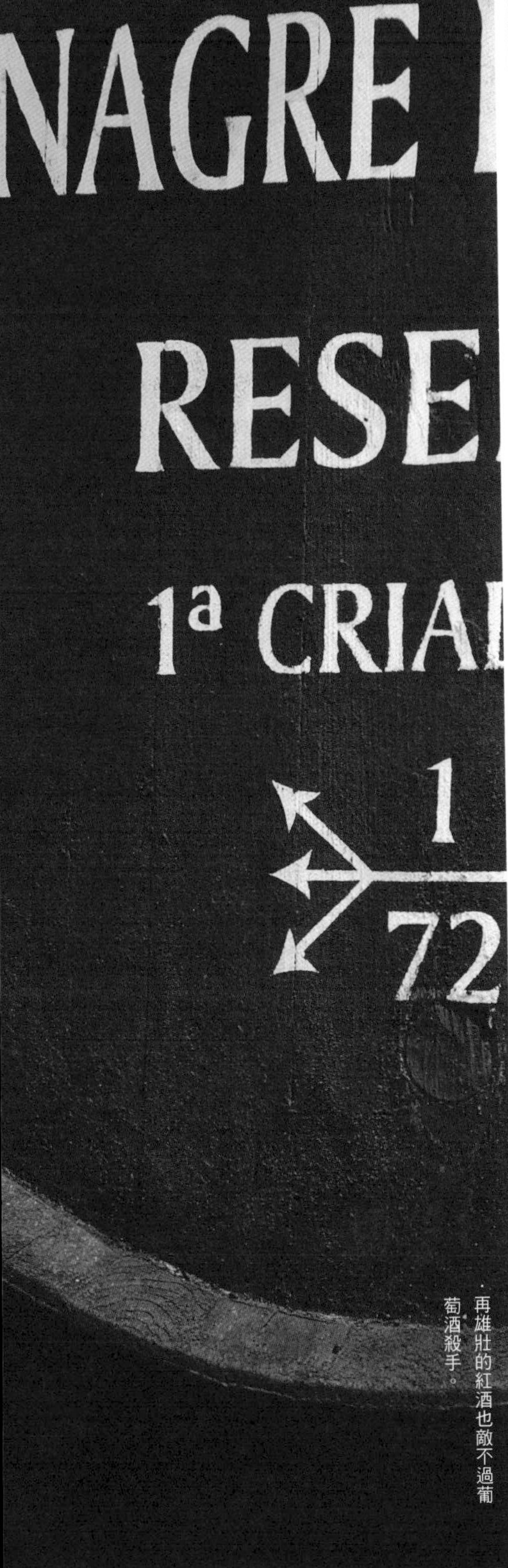

・再雄壯的紅酒也敵不過葡萄酒殺手。

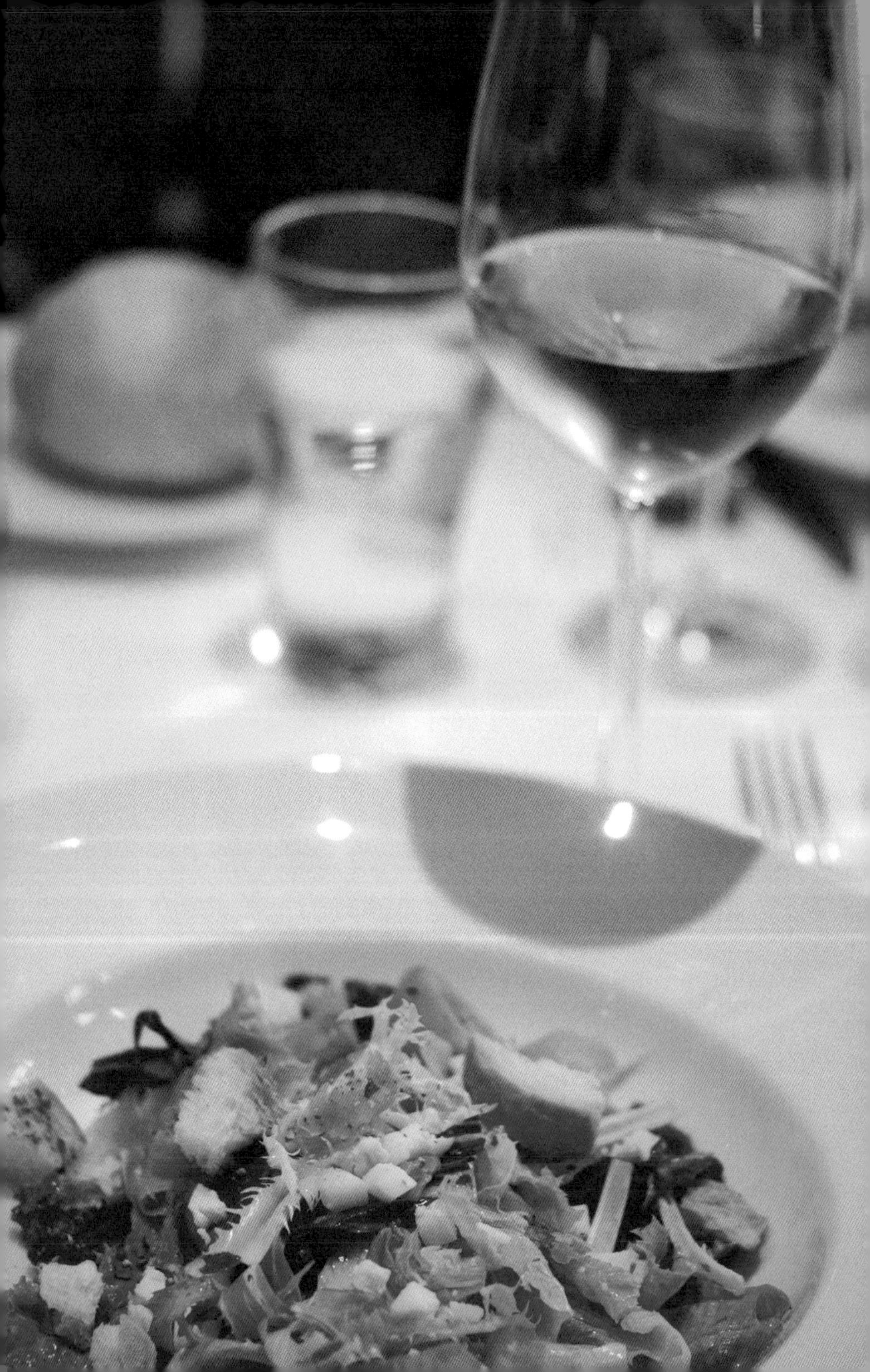

酒會有難辨的混淆之感，特別是粗糙的化學醋。

碰上醋，簡單可口、糟蹋了也不會心疼的粉紅酒，或是帶一點甜味可以中和醋酸、同時酒中新鮮的果香可以讓醋味更怡人的半甜型白酒，最為適合。德國摩塞爾河（Mosel）產區的微甜麗絲玲或是法國羅亞爾河的半甜型梧雷（Vouvray）白酒，不僅酸味夠，甜味也很適中。酸酸甜甜的糖醋醬也是紅酒殺手，配這樣的白酒更是萬無一失的選擇。

有這麼多天敵，也許是上天對龜毛葡萄酒飲者的一種懲罰，但更像是一種考驗，而品嘗葡萄酒的樂趣其實正蘊藏在其中。

．殺手就在身邊，包括看起如此清爽可口的日常沙拉。

## 日常的美味，日常的葡萄酒

如果在二十世紀末波爾多還沒有飆漲之前，有一大筆錢成箱地買下波爾多列級酒莊的紅酒，也許現在就能有許多剛好成熟的波爾多紅酒可以喝了。晚上吃沙朗，可以從控溫櫃選瓶一九八九年的Château Haut-Brion，或者一九九〇的Château Pichon Laland來喝。

有剛好成熟好喝的酒，佐配相合的料理，要得到這樣的幸福感受，其實，並不一定要如夢想般的幸運與多金，更不需要在十幾二十年前就買下今日未知的幸福。因為，事實上大部分的葡萄酒在上市後的一、兩年內就已經開始成熟好喝，而且，它們通常比這些昂貴的珍貴名釀更適合搭配菜肴。只是，這些酒因為得來容易，價格低廉，很少有葡萄酒作家會認真地品嘗與談論它們，這些簡單美味的葡萄酒，只是默默地在法國和義大利的餐桌上，被口渴的人們一杯接著一杯大口地喝盡。當然，我知道日常的美味與獨一無二的特殊珍釀是無法相比的，一九八九的Château Haut-Brion確實迷人，不過，對著家裡現煮的這一盤番茄肉醬義大利麵，我最想喝的卻是一杯年輕順口、飄散著可愛果香的薄酒來。

如同個性隨和的人比較容易和人相處，有些味道比較清淡爽口的紅葡萄酒，因為風格簡單自然，特別順口好喝，反而和大部分的食物都可以合得來，不用太擔心會產生味道上的干擾。這些葡萄酒不僅常見，而且價格更是便宜，像是產自法國、以加美葡萄釀成的薄酒來，

・這樣的孔雀貝，很適合搭配一杯紐西蘭的白蘇維濃。

Jours
Les Vins
du
Beaujolais

就是最好的例子，常常散發著新鮮的草莓與紅色漿果的香氣。在義大利，就更多了，像是西北部皮蒙（Piemont）地區以多切托（Dolcetto）葡萄釀成的紅酒，東北部維羅那（Verona）城附近出產的瓦波里切拉（Valpolicella），或是中部托斯卡尼出產的奇揚替（Chianti）紅酒，都是屬於清淡紅酒家族的成員。不用千尋萬找，也不用苦苦等待，隨便在超市的貨架上就可以買到的酒，卻也是在配菜上最萬能好用的選擇。

在葡萄酒專家的眼中，一瓶順口好喝的紅酒往往要被視為是致命的缺點，因為太淡、太直接，太簡單，太沒有變化，而且一點都經不起時間的考驗。這些酒確實如此，不過，如果是從配菜的角度來看，不僅不能算是缺點，甚至可以說是優點。

這些無論口味或是價格都一樣平易近人的紅酒，最適合用來佐配一些既簡單又家常的美味料理，像是一盤現切的義式臘腸Salami和生火腿Prosciutti，一片剛出爐木火烤的Napolitana比薩或者是加了Bolognase醬的義大利麵，甚至一塊剛好熟透了、開始融化的卡門貝爾白黴乳酪。我心裡還想著一條剛煎好、還滋滋作響、抹著黃色第戎芥末的腸肚包Andouillette，伴著微微的臭味和焦香，如果這時能來上一杯薄酒來，那就完美無缺了。因為單寧少，澀味不多，這樣的紅酒最不怕鹹味，這些鹹味重的煙燻製品，通常和單寧太重的紅酒是配不來的，就是需要這些柔和可口的紅酒來配。

當然，這些口味清淡的紅葡萄酒不僅僅能配歐式的家常料理，即便美式的漢堡或是熱狗，也幾乎是最佳的選擇。如果不太挑剔，這些酒裡的酸味，可以讓那些裹著濃濃ＢＢＱ醬的烤豬肋排變得更加均衡可口一些，不過，這樣的料理如果直接配加州產的、既濃厚又豐滿的金芬黛紅酒，絕對會更搭調。

能配水產和海鮮是這些紅酒最神奇的地方，因為它們柔和的單寧與新鮮紅果味，和那些加了香料、炸過或煎過的魚或海鮮特別合得來。而配中式紅燒作法的魚料理也一樣不會讓人失望，甚至比許多白酒還來得合宜。其實，在中式料理中，薄酒來和瓦波里切拉等產區的紅酒更是好用，像是水餃或是滷肉、叉燒，甚至最常見的炸排骨，全都可以輕鬆地搭配。

葡萄酒的世界越來越強調濃郁豐富的價值，卻讓我們忘記了清淡簡單原來是這般迷人可愛。就像那些最唾手可得的東西一樣，我們從來沒有想到要好好珍惜這些很容易就買得到的日常美酒。就從一杯薄酒來開始吧！一種屬於簡單日常的無限幸福。

謝忠道攝影

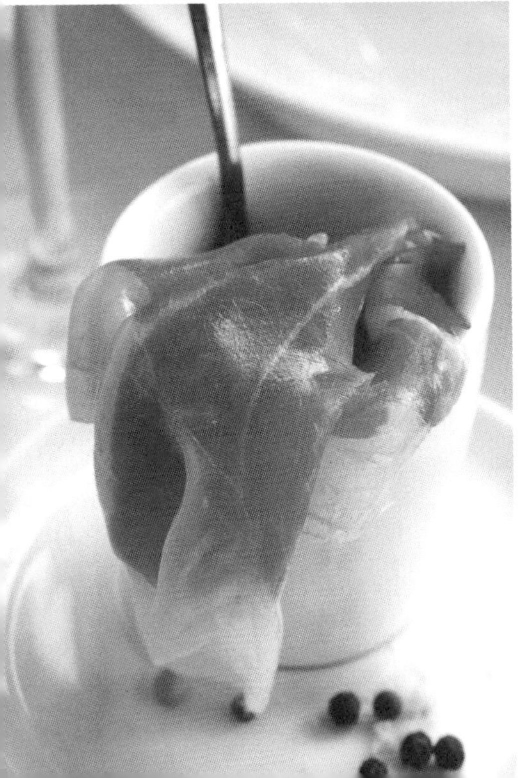

## 紅酒的美味關係

一九九七年延燒全台的紅酒熱雖然已經退燒多年，但是，紅酒在台灣葡萄酒市場裡還是一支獨秀，原因也許有很多，但真正核心的影響力來自於大部分人相信喝紅酒有益健康。雖然對於初嘗葡萄酒的人，白酒的味道似乎更加友善，但是台灣市場上還是有八十五%的葡萄酒是帶著澀味的紅酒。雖說酒被稱為穿腸毒藥，而且每一篇跟酒有關的文章都很正經地列出飲酒過量有害健康的標語；但是，紅酒卻在我們的生活裡常扮演救世英雄的角色；除了內服當心臟與血管的清道夫，外敷的紅酒多酚面膜還扮演著捍衛青春美貌的守護神。

「聽說喝紅酒補心臟，有影無？」在一個習慣將所有吃喝跟補不補聯想在一起的國家，美味的定義已經根深柢固地和健康緊緊地糾纏在一起，再難吃難喝的東西，只要市井流傳夠補能治病，一樣可以登上美味聖品的殿堂。在品嘗脂滑肥潤的肥鵝肝時，想著高達九十五%的脂肪比；在大啖河豚時，想著魚肝裡足以殺死三十個成人的神精毒，光想著這些，味覺的美妙感受全要布滿陰霾。美味與健康如果沒有纏得那麼緊，能稍稍忘記紅酒是多麼健康的飲料，也許我們才有機會和紅酒建立真正的美味關係，也才得以體會酒中深藏著的趣味與妙處。

紅酒和白酒除了顏色不一樣外，最大的不同在於紅酒含有會產生澀味的單寧。這種屬於抗氧化物的酚類物質，可防止低密度脂蛋白的產生，減少動脈硬化的發生機率，造就了紅酒在台灣的流行風潮。不過單寧在葡萄酒的口味上扮演著其他更重要的角色，單寧的澀味撐起葡萄酒的骨架，形成更多層次的立體感。因為抗氧化的功能，單寧可以讓葡萄酒更耐久放，得以變化出更豐富多變的陳年香氣，以及更圓熟諧和的口感。

在餐桌上，單寧所產生的澀味讓紅酒具有結實的口感，比白酒更適合用來搭配滋味豐富、咬感堅韌有彈性的鴨、牛、羊和野味等所謂的紅肉料理。單寧本身更具有柔化肉類纖維的功能，可以讓肉質變得更細嫩，這正是紅酒最適合配肉吃的主要原理。為了同樣的原因，許多野味料理在烹調前都需先用紅酒浸泡。

紅酒配紅肉是餐酒搭配文章裡的慣用成語，常會讓人懶得做新的嘗試。當紅酒中的單寧遇上魚肉時，常常會產生不是很可口的金屬味，讓紅酒和魚很難在餐桌上同台演出。不過，還是有鮪、鮭等魚類跟紅酒也可以很相配，在法國有許多魚料理更是用紅酒烹調，尤其是以鰻魚、鱘魚或河鱸之類的淡水魚最常見，其中最著名的要屬波爾多的紅酒燉七鰓鰻（lamproie bordelais）。波爾多人習慣用紅酒燴煮這種稀有的鰻魚，像煮野味般先浸泡在加了丁香的波爾多紅酒，然後加入火腿塊及香辛料在燉鍋裡連續煮數小時，最後再加入鰻血及巧克力讓煮汁變濃稠。如此重口味的煮法，成就了這道不折不扣的紅酒魚料理。除了濃厚的紅酒，大概找不到其他酒可以相配了，所有的白酒都要退避三舍。

當然，不是所有的海鮮料理都可以配紅酒，尤其是清蒸、氽燙等清淡作法的海鮮最為困難，過鹹、過甜和過辣的菜也不適合。但是，像是紅燒、豆瓣、茄汁、醬烤、三杯、豉汁、沙茶、蔥燒、乾燒及砂鍋等作法的海鮮料理，要配一般的干白酒其實也並不容易，紅酒反而值得一試，紅酒裡的果味與酸味能為這些濃重菜色增添一點爽口與清新，也不會像白酒那麼容易就被醬汁淹沒。至於那討人厭的金屬味，只要選擇單寧較柔和的紅酒，海鮮夠新鮮又是炸過、烤過、沾著醬汁，並不是那麼容易出現。

當然，肉類料理才是搭配紅酒的主流，不同的紅酒也都有各自擅長的地方，以細緻的黑皮諾釀成的紅酒最適合搭配雞肉或小牛肉。波爾多口味最雄壯威武的波雅克則是羊排的絕配。以希哈葡萄釀造的紅酒常帶點胡椒味，是配烤牛排的首選。肉醬義大利麵則剛好配淡爽多果香的普通奇揚替。至於那來自地中海氣候區的紅酒，常有著豐厚肥滿的脂腴口感，最合得來的，正是那些閃著肥潤油光的爌肉與燒蹄膀。

也許，這個時候，一九九〇年代掀起紅酒熱的法國悖論可以派上用場，為那些因動物性脂肪所帶來的膽固醇壓力所苦的人，提供一個可以大口吃肉的不在場證明。

## 我的白酒沒有「濕」

身材惹火曼妙的滑水女郎，不小心衝進了岸邊的酒吧，被正喝著馬丁尼的龐德一把抱住，女孩很不好意思地說：對不起，把你弄濕了！龐德說：但是我的馬丁尼還是「乾」的。

很經典的〇〇七對白，馬丁尼是「乾」的，因為口味不甜，不含糖分，這樣的酒英文稱為dry，而法文的sec，德文的trocken、義大利文的secco和西班牙文的seco全都是一樣的意思，因為不甜，酒喝起來顯得瘦瘦乾乾的樣子。這樣的字眼最常出現在白酒的標籤上，因為除了像波特酒等少數的例外，大部分的紅酒其實都是乾型的，無需特別標示。白酒就不同了，從完全不甜的「乾」、帶點甜的「半乾」（demi-sec）到半甜（demi-doux）以及甜（doux）等等，甜味的變化非常多元，而乾或甜便成為白葡萄酒最基本的區分了。

「乾白酒」也寫成「干白酒」，其實是一樣的意思。

甜白酒豐滿甜潤，只能搭配特別的菜肴，而干白酒才是配菜的主流。與紅酒相比，干白酒能搭配的菜肴更多。在法式料理中，從當開胃酒開始，包括大部分的前菜，以及以海鮮、雞、豬、小牛等主菜，加上乾酪和山羊乳酪等，全都適合佐配干白酒，一個正式的餐宴，除了甜點外，幾乎可以都選用白酒。不過，這並不表示一瓶干白酒可以同時配上這麼多樣的菜色，而是各式不同的干白酒，風味上各有特色，即使是很難搭配的殺手級菜肴都能找到合適

·灰皮諾與Fino，加泰隆尼亞與阿爾薩斯。

xarel·lo
Gramona

1996
VIN D'ALSACE
HERRENWEG DE TURCKHEIM
Pinot Gris

的干白酒。如果只能選擇一瓶酒，通常我會挑一瓶干白酒，絕對比甜酒或紅酒來得實用。

一般最常見的是清淡型的干白酒，這一類的干白酒通常來自氣候冷涼的產區，酒精濃度低，滋味較淡，酸度也較高，口感顯得靈巧清爽，以新鮮簡單的果香味為主，爽口好喝，通常要趁年輕時品嘗，因為是家常型的白酒，價格通常也較便宜，可以在冰箱裡冰著一、兩瓶，隨時都可以開瓶來喝，是最配菜的葡萄酒之一。例如布根地的夏布利、紐西蘭的白蘇維濃和義大利的灰皮諾（Pinot Griggio）等等都屬這個類型。因為喝起來清新爽口，最適合用來當餐前酒喝，或是搭配生蠔等蚌殼類的海鮮冷盤。以清蒸、汆燙及水煮等清淡烹調法做成的海鮮料理，除了這種清爽風格的干白酒外，幾乎找不到更適合的葡萄酒了。這種酸味高的干白酒也適合搭配同樣帶著酸味的羊奶乳酪。

雖然干白酒中不含甜分，但是葡萄酒裡的酒精和甘油卻會產生圓潤脂滑的口感，所以有些特別濃郁、含有較多酒精和甘油的濃厚型干白酒，即使沒有糖，也能顯現甜潤可口的滋味，和更有分量的菜色一起激發出美味的體驗。這類的葡萄酒有些來自較溫和的氣候區，成熟的葡萄可以釀成酸度較低、但酒精濃度高的白酒，例如許多地中海岸的白酒就有這樣的特性，雖然不是非常均衡，但是卻可以用來搭配加了蒜頭或香料等很難配葡萄酒的料理。

濃厚型干白酒中最常見、也最具代表性的則是以夏多內葡萄釀成的白酒。夏多內是目前全球最受歡迎的釀酒葡萄，原產自法國布根地的頂尖夏多內干白酒，不僅口感圓潤豐厚，而且有均衡的酸味，甚至顯得強勁結實。由於經常在橡木桶中進行發酵和培養，酒中除了果香，也常帶有香草、奶油，甚至烤麵包等橡木桶香。如此華麗的酒，最招牌的配法就是滋味一樣甜美的龍蝦、鮮干貝、紅蟳和大螯蝦這些珍貴的海鮮。

不過，這樣的干白酒，因為濃郁，而且有木香，最好避免清蒸等清淡作法的魚類菜肴。另外也不是很適合當飯前開胃酒，通常安排搭配味道較重的前菜，比較豐滿的夏多內有時也很適合搭配同樣肥腴的生煎鵝肝。至於主菜，除了甜美的蝦蟹外，包括魚、雞肉、豬與小牛肉，甚至於野禽，只要是白酒醬汁或鮮奶油醬汁，夏多內都是萬無一失的選擇。因為有久存的潛力，這些夏多內干白酒成熟後，會散發乾果、香料與蕈菇的香氣，不論香氣或是口感都最適合配康堤（Comté）或是帕馬森（Parmigiano-Reggiano）等頂級的陳年乾酪。

有一類以濃濃花果香氣為號召的干白酒，以格烏茲塔明那和蜜思嘉葡萄釀成的為代表。這兩個品種常有非常獨特的荔枝和玫瑰香氣，口感偏圓潤，且酸度較低，在大部分的地方都釀成討喜的甜酒，唯有在法國的阿爾薩斯多不帶甜味。如此另類的風格，正好用來搭配口味較奇特的菜肴，如難配酒的蘆筍，帶酸與辣味的泰式料理，常有意外的驚喜。

在佐餐酒的領域裡，干白酒經常扮演著輕盈靈巧的角色，爽口的酸味常讓菜肴變得更清新順口，讓人忍不住要多吃幾口。如果干白酒很少出現在你的餐桌，現在該是開始試試的時候了，絕對會比紅酒還來得妙用無窮。

## 以一擋百的香檳

雖然大部分的人都同意葡萄酒是全世界最適合佐餐的飲料，但那是因為葡萄酒的種類千變萬化，任何特殊風味的菜肴都可以找到相合相適、更添美味的葡萄酒。但如果要單單選一款葡萄酒來搭配菜色豐盛的晚餐，從開胃小菜、前菜、主菜、乳酪到甜點全都要合得來，則幾乎是不可能的任務，即使是對經驗老到的侍酒師（Sommelier）來說也都是困難的課題。

碰到這樣的情況，我會優先考慮香檳，特別是對菜色還不是很清楚的時候，香檳經常都會是最安全的選擇。在我心目中，香檳是配菜指數最高的葡萄酒。

在大部分人的心中，香檳的長處並非在於佐餐，而是在於佐伴心情，只要開瓶香檳，光是看著杯裡閃著金黃光澤，冒著細緻氣泡的香檳，還沒喝，心情就自然也high了起來，很少人會嚴格地挑剔酒和菜是否相合這件事。

不過，香檳在餐桌上得以允文允武又葷素不忌，絕非僅憑外表，而是有著許多味覺上的獨特優勢。首先，以白酒為原料調配而成的香檳有著非常爽口的酸味，相當開胃，而且絕對適合搭配蝦、蟹、魚、蚌等各式海鮮與水產料理。更關鍵的是，香檳中的氣泡雖然珠滑細緻，但卻也為香檳的口感提供強有力的支撐架構，即使碰上味道重、有個性的菜也不會被淹沒。特別是大部分的香檳都是混有黑葡萄釀成的白酒，在風味上比一般白酒來得強勁有力，

·多樣風味的香檳與氣泡酒。

Mestres
Mestres
Mestres

搭配肉類菜肴也不是問題。

除此之外，香檳需要經過多年的瓶中二次發酵與培養才會上市，香氣中除了新鮮果味外還帶有酵母、乾果和烤麵包等其他豐富的香氣，即使是遇到香氣橫溢或帶著古怪氣味的菜色，像是冬季的野菇、松露或是野味的料理，或甚至多香料的料理，也都不會太困難。

而更特別的是，大部分的香檳雖然喝起來感覺不甜，但是在完成二次發酵開瓶去酒渣時，還會添加一點糖分才封瓶。例如最普遍的Brut類型，每公升最多可以加到十五克的糖。這些糖分雖被香檳的酸味所中和，喝起來不覺得甜，但是卻也讓香檳的口感顯得更圓潤豐腴，即使是加了鮮奶油的濃稠醬汁、帶一點甜味的水果或是清淡低甜多果味的飯後甜點，也一樣可以用香檳佐伴。帶更多甜味的香檳，像每公升含有三十三到五十公克糖的Demi-Sec就更適合搭配餐後甜點了。

香檳迷人的地方不僅在於以一擋百的神效，更重要的還在於風味的變化萬千，雖然現在香檳並非世上唯一生產頂級氣泡酒的產區，但是，多樣性的風味卻絕不是其他地方可以相比擬的。香檳區有三種葡萄品種，其中只有夏多內是白葡萄，黑皮諾和皮諾莫尼耶（Pinot Meunier）都是黑葡萄。只採用夏多內的「Blanc de Blancs」，酸度高，果香重，清新爽口，最適合當餐前的開胃酒。採用比較多黑葡萄的，口感比較強勁，香味也較豐富，除了海鮮料理之外，搭配禽類或小牛的料理也很適合。

bon
appetit

．香檳是理想的開胃酒。

粉紅香檳雖然也是很好的開胃酒，但更常被用來佐配肉類料理，特別是較成熟且比較濃厚的粉紅香檳，甚至可以用來搭配幾乎只有濃重強勁的紅酒才配得來的菜色，像滋味香濃的野味、煎烤羊排或成熟味濃的乳酪等等。粉紅香檳添加紅酒調配而成，紅酒的澀味因為香檳中氣泡與酸味的加強，特別顯得有力量。

當然，氣泡酒並非唯有香檳，在法國就有許多地方也生產跟香檳同樣方法釀成的Crémant氣泡酒，在西班牙也有Cava氣泡酒，義大利則生產許多Spumante氣泡酒。這些通常較為清爽簡單的氣泡酒，主要作為平常時的餐前酒，或搭配海鮮和白肉做成的簡單菜肴。在義大利還有一些風格特殊的氣泡酒，有特別的佐餐用途，像是產自義大利北部Asti地區，用蜜思嘉葡萄釀成的微泡葡萄酒Moscato d'Asti，帶著可愛的玫瑰花與荔枝香氣，酒精濃度低，留有許多糖分在酒中，喝起來香甜可口，配下午茶的點心、帕瑪火腿佐香瓜的前菜或是餐後較清爽風味的甜點，是很討喜、很容易挑動歡樂情緒的可愛選擇。在佐餐上則可以試試味道酸甜、多香料、甚至有點辣味的泰式或中式菜色。至於義大利獨有的Lambrusco氣泡紅酒，通常有點澀味，也帶些甜味，可以搭配紅酒醋調味的沙拉、生火腿和生臘腸等。

細細密密，如珠玉般在舌齒間滾動的氣泡，讓香檳這個原本只能生產平凡白酒的北方酒鄉，幻化成今日的繁華精彩，數百年來，像是仙女魔杖般地讓無數的晚餐如起泡般地歡樂起來，讓人暫時忘記那些惱人的日常。如果也不想為配菜傷透腦筋，那就選一瓶香檳吧！

## 粉紅與玫瑰

男生喝重口味的粗獷紅酒，女生喝冰涼細緻的白酒，那粉紅酒呢？

在葡萄酒國際行銷課程的討論會上，我們的瑞士籍教授邀請ＬＰ牌香檳廠的行銷經理和我們分享粉紅香檳的成功經驗。來自澳洲的男同學搖搖頭說：這在我們那裡一定行不通，男生喝粉紅色的東西會被當作是gay。行銷經理似乎受到啟發，開始計畫隔年要全力進攻雪梨的同志市場。

粉紅香檳通常添加紅酒調配，其實味道濃重，帶著野性風格，常比一般的白香檳來得粗獷，就香味和口感，很符合我們社會裡對男性作風的期盼。但是，就因為那動人的粉紅顏色，在台灣卻成了女性的最愛。關於顏色，葡萄酒顯然也會有性別認同的問題。

我確實愛喝粉紅酒，特別是像現在蟬鳴得特別響的時候，如果你知道粉紅酒是如此的妙用無窮，大概也會跟我一樣在冰箱冰著一、兩瓶吧！在台灣，不帶甜味、美味順口的粉紅酒可是相當難尋的。國內自認喜愛喝葡萄酒的人，很少有人敢將粉紅酒擺上桌，因為台灣市場上充斥著太多帶著甜味、添加香料和糖的廉價加味玫瑰紅酒，連帶的，讓所有粉紅酒色的酒都戴上了劣質酒的原罪。習慣喝加味帶甜口味的人喝不慣干型的粉紅酒，至於愛喝干型酒的人又瞧不起，買的人少，酒商自然不敢進口。於是，清涼可愛、果香充沛、價格又便宜的粉紅酒，在台灣反而成了稀有難得的酒了。

粉紅酒剛出現在法國大眾市場時，不紅不白的顏色，也有過尷尬的時期，但是也因為這樣的中性路線，讓粉紅酒擁有無可取代的專長。許多以前很難搭配的菜肴，自從有了粉紅酒之後都變得輕而易舉。例如多油脂的鮭魚或像是濃稠味重的馬賽魚湯，甚至最常見不過、卻是葡萄酒殺手的油醋沙拉，也都成了粉紅酒的絕配。法國人不太熟悉亞洲菜色，對於那些經常添加許多香料或是偏酸甜滋味的法國化亞洲料理，不用說，全都可以拿粉紅酒來配，不管是不是絕配，但至少也都合得來。在巴黎的中國餐廳裡，除了青島啤酒外，來自法國隆河產區的塔維勒（Tavel）粉紅酒是最暢銷的必備酒款。

在西式的菜系中，粉紅酒最適合搭配地中海岸式，多橄欖、蒜頭、香草、蔬菜與海產的菜色，尤其是夏季菜肴，一瓶粉紅酒就可以從開胃菜、沙拉、前菜、主菜一路喝到乳酪。許多人對粉紅酒的愛，都是從普羅旺斯地中海式的露天午餐開始的，在那如此蔚藍的晴空底下，不論是在鄉間度假別墅院子裡的樹蔭下；或是小鎮廣場邊的露天咖啡座上；還是小漁港邊的海鮮餐廳；或是鋪滿人肉地毯的海灘邊；任何頂級佳釀都比不上一瓶冰涼的粉紅酒來得適情適意。而當這些遠來的度假人潮回到冰冷的北方，即使是冬日裡的一杯普羅旺斯粉紅酒，都可以勾起那灑滿地中海炙陽的夏季回憶。也難怪，普羅旺斯會成為全世界最大的粉紅酒產區。

如果有人覺得紅酒的顏色變化多端，那粉紅酒更是略勝一籌。不同的品種或是不同的釀造法都直接從顏色上反應出來，為了炫耀這些美妙的顏色，大部分的粉紅酒都是裝在透明無色的酒瓶裡，一點都不會看走眼。例如卡本內蘇維濃特有的粉紫紅色或是格那希的鮭魚紅、仙梭（Cinsault）所呈顯的淡石榴紅。

釀造粉紅酒主要有兩種方法，最常見的是黑葡萄直接榨汁，因為有一點點葡萄皮的色素會進入葡萄汁中，讓釀成的酒帶一點點淡淡的粉紅。這樣的粉紅酒稱為灰葡萄酒（Vin gris），喝起來和白酒其實沒有太大的差別，適合搭配的菜色也跟白酒差不多。另一種釀法是葡萄皮和汁泡在一起浸皮幾小時之後再榨汁，釀成顏色較濃、較鮮豔、香氣較偏年輕的淡紅酒，有較多的紅色漿果香，口味當然也較多變，甚至帶一點澀味，自然也就更能搭配有個性的菜色了。

跟所有的葡萄酒一樣，粉紅酒的顏色也會隨著時間改變，越來越偏土黃色，最後變成洋蔥皮色，通常這樣的粉紅酒都已經太老了。唯一的例外是那些昂價的粉紅香檳，才剛好到了成熟的巔峰，正好可以用來搭配烤羔羊排，這樣淡雅顏色的粉紅酒，其實連雄壯威武的紅酒都不得不退讓三分。

·老了的粉紅酒會變成洋蔥皮的顏色。

RIOJA
2000
VIÑA
VINOS FINOS
RIOJA
López de Heredia Viña Tondonia
75 CL
12% Vol.
VIÑEDOS Y BODEGAS EN
HARO 'RIOJA ALTA' ESPAÑA
PRODUCTO DE ESPAÑA
NDADA EN 1877
VIÑA
TONDONIA
FUNDA
TON

## 不只是配甜點的甜點酒

在歐洲，等級最低的葡萄酒稱為「桌酒」，例如法國的「Vin de Table」*、西班牙的「Vino de Mesa」、義大利的「Vino da Tavola」或是德國的「Tafelwein」等等。無論是那一種語言，大都是把「桌子」和「葡萄酒」兩個字加在一起，意思是最普通平凡的日常用酒，除了少數的例外，價格通常也便宜得可以當水喝。總之，「桌酒」是等級，卻無關酒的風味。

但是在北美，卻常習慣將不帶甜味的葡萄酒稱為「Table wine」，意思是可以上餐桌佐餐的葡萄酒，所以，不論是法定產區等級（AOC）或甚至頂級稀有的葡萄酒，也都可能冠上「桌酒」這個在歐洲被當成廉價酒的字眼。和桌酒對等的則是「甜點酒」（Dessert wine），指的是帶甜味的葡萄酒。被冠上這樣的名稱，甜酒變成好像只能配甜點，被許多人誤認為不適合佐餐。但事實上，甜酒在餐桌上所能扮演的角色卻遠超出我們的想像，尤其是許多口味滑膩濃重的頂級食材，要是沒有甜酒，還真的很難找到可以搭配的葡萄酒。

用填鴨法養殖而成的肥鴨肝或肥鵝肝是最經典的dessert wine lover，含脂量超過九成，圓潤脂滑、豪華肥腴的滋味，屬於超重量級的美味。最適當的葡萄酒正是採用因為感染黴菌造成水分蒸發，使得糖分大幅濃縮的葡萄所釀造成的貴腐甜白酒。酒中的糖分，讓酒的質感顯得特別濃稠，在和鵝肝的脂肪交融在一起時可以產生非常柔滑的口感。如果選的是干白酒的

* Vin de Table等級現在已經改名為Vin de France。

話，通常會變得特別酸瘦無味，完全失去原有的均衡。這就有點像拳擊賽一樣，如果讓羽量級和重量級選手一起上場較量，比賽不僅不公平，而且必定會出現一面倒的情況，比賽看起來肯定一點也不精彩。在餐酒搭配上，有時酸甜互補也很重要，但一定要是同一量級才能出現精彩的美味對話。

法國西南部以產肥鴨肝聞名，那裡，也正是法國出產最多貴腐甜白酒的地方，像波爾多的索甸和Barsac，貝傑哈克區的Montbazillac和Saussignac以及Jurançon地區的甜型酒等等都是。不過，這些味道非常濃甜的貴腐甜酒比較適合搭配做成terrine或au trochon的肥鴨肝塊或肥鴨肝凍，如果是風味柔軟鮮美的生煎鴨肝，或是做成口味較淡的肥鴨肝慕思，則比較適合甜味較低的甜白酒，這時，比較濃郁圓潤的干白酒也可以派上用場。法國的肥鵝肝以東北角的阿爾薩斯地區最著名，那裡也生產一種相當稀有的選粒貴腐甜酒（Selection des Grains Nobles, SGN），正是佐配當地肥鵝肝料理的最好選擇。

和肥鵝肝同樣屬重量級的美味食材還有很多，也同樣需要用甜酒來搭配。乳酪中就有許多具備濃稠油滑的華麗滋味，像產自布根地膏狀黏滑的Epoisse橘皮乳酪就很適合佐配甜酒。不過，葡萄酒與乳酪的美味組合中，最經典的首推藍黴乳酪與貴腐甜酒。雖然菌種不同，但是兩者都是因為黴菌的關係才會變得如此特別，也許是巧合，在味覺上，兩者更是難得地契合。跟所有人一樣，我也曾對藍黴乳酪感到恐懼，特別是黴菌長最多的侯克霍藍黴乳酪。但是，只要和一杯貴腐甜酒一起品嘗過之後，這種像豆腐乳般膏滑、又鹹又有怪味的頂級乳酪馬上就變得迷人可口。

除了這些極度特殊的食材之外，甜點酒在甜點之外還可以用來搭配許多日常的菜色。添加許多辣椒和辛香料的菜肴通常不太容易配葡萄酒，甜味因為可以和緩辣味，所以碰上超辣的食物也只有甜酒可以勝任。在法國，有許多野味料理常會搭配添加紅色漿果煮成的酸甜濃醬，這時配上年輕的自然甜味甜紅酒也相當對味。另外，用水果做成的菜肴常常也很適合配甜酒，盛著蜜思嘉甜酒的哈密瓜正是普羅旺斯盛夏時節最清涼香甜的前菜。

即使恐龍妹都不一定要配恐龍，甜點酒當然絕對不只是配甜點。

# 十種關於葡萄酒的品味態度

這一篇文章曾經是《Aspire vol. 03》裡88 grand tastes for the senses的第三十六到四十五號品味。不要問我為什麼是十種，又為什麼是品味，總之，算是當作這本書的附錄跟結語吧！

## 1 好酒不一定好喝

*如同所有講究風格的藝術表現，外在的美醜並非影響藝術價值的絕對關鍵；一瓶葡萄酒好不好喝，也同樣不是精彩葡萄酒的必要條件。是否展露了無可取代的獨特風格才是核心所在。也因此，許多被視為精彩難得的葡萄酒其實並不一定都那麼可口，雖然那些貼近精英主義品味的葡萄酒常常背離了單純的美味價值，但是卻讓葡萄酒世界的價值觀有著更多元的可能性，讓我們的世界變化出如此千變萬化的葡萄酒來。但這也告訴我們，只要買好喝的酒，不一定非買好酒不可。

## 2　葡萄酒是佐餐的飲料

＊雖然有人喜好單飲，但是葡萄酒的首要角色卻是佐餐的飲料，一瓶好酒除了經得起品嘗，也必須經得起佐餐的考驗。在餐桌上，風味過於精彩複雜的葡萄酒往往只能跟特定少數的菜色產生美味的連結；相反的，越是簡單的葡萄酒卻反而越適合佐餐，更容易和各式菜色成為好搭檔。只要巧妙安排，有著許多缺陷的葡萄酒常常可以在佐餐時讓缺點轉成優點，讓酒和菜肴變得更加美味。不過，因為酒評家很少就葡萄酒的配菜指數打分數，許多酒廠並不一定從配菜的角度釀酒，分數很高卻很難配菜的葡萄酒時有所聞。

## 3　陳酒迷人也駭人

＊一瓶歷經緩慢陳年、剛好成熟的耐久佳釀絕不是任何年輕的葡萄酒可以相比得上的。畢竟那些唯有時間才得以淬鍊成的陳酒香氣與圓融協調的口感是如此地迷人與難以取代。但是，絕對不要對葡萄酒有越陳越香的執迷，雖然偶有意外，但畢竟大部分的葡萄酒都不太經得起太長的時間考驗，一瓶年華老去的葡萄酒，除了果味盡失，乾瘦枯萎的口感更會讓人為逝去的青春美好徒增惋惜。

## 4　不是只有好年分才值得品嘗

＊不同的天氣條件，會讓每一年所生產的葡萄酒具有不同的風味，雖然年分有好壞之分，但是每個年分

都有各自的特色，或均衡、或豐滿、或清爽、或強勁結實，都是自然的賜予。雖然濃郁耐久的年分比較受到酒評家的喜愛，但並非只有上好年分才值得品嘗，平常年分的葡萄酒風味和價格可能更平易近人，也更適合佐餐。當然，如果是為了投資，還是挑選好年分的吧！

## 5 地域特色的葡萄品種

*在國際風味葡萄酒越來越盛行之際，主流葡萄品種不僅隨處可見，甚至已經到了氾濫成災的地步。歷經全球化跨國風潮的洗滌，標榜地域特色的葡萄品種更顯得珍貴難得，除了歐洲傳統產區的傳統品種之外，澳洲的希哈、紐西蘭的白蘇維濃、智利的卡門內爾（Carménère）、阿根廷的馬爾貝克（Malbec）以及加州的金芬黛，也都在國際風的酒海中成為最具地方特色的代表性風味。

## 6 均衡與細緻變化

*雖然香味濃重、口感濃厚豐滿的葡萄酒因為討喜而且容易辨識，已經日漸成為葡萄酒的主流風格，但是，均衡的口感結構仍然還是一瓶精彩葡萄酒的必要條件。再濃厚的酒都必須要維持一定的均衡才能有儲存的潛力，才得以與食物連結搭配，才真能展露細緻變化，也才能讓我們喝完一杯之後不會覺得濃膩，還想再喝上一杯。

## 7 原產土地的靈魂

＊葡萄酒最珍貴難得的地方，在於不僅作為一種飲料，而且同時可以是融合著自然與人文的文化資產，除了提供美味好喝的感官享樂，還常蘊含著更多只能用味覺與嗅覺探索的精彩內容。特別是從酒的風味中，常傳遞著原產土地的風土特色。一瓶珍貴難得的葡萄酒都一定蘊含著原產土地的靈魂，其精彩處是別處的葡萄酒無法再造模仿的。而所有試圖抹去在地風味的葡萄酒，都將會因此而陷入沒有靈魂的工業製品的危險。

## 8 低調陪襯的橡木桶味

＊千變萬化的香氣是葡萄酒最迷人的特色之一，這些酒香大都來自葡萄本身，但是也有部分來自培養葡萄酒的橡木桶，像香草、奶油、煙燻和木頭的香氣分子，都是由盛裝的橡木桶壁慢慢滲入酒中。雖然說全新的上好橡木桶價格很高檔，酒莊花大錢買新桶難免希望買酒的人能喝得出來，但無論如何，這些外來的香味像是裝飾在蛋糕上的櫻桃，可以讓葡萄酒香變得更豐富多變，但卻不能喧賓奪主，掩蓋了來自葡萄珍貴而自然的香氣。

## 9 時機是關鍵

＊選擇葡萄酒跟挑選得宜的服裝一樣，必須特別注重場合和時機。再昂貴精彩的頂級珍釀，在夏季炎熱的野餐會上，都還比不上一瓶廉價簡單的粉紅酒來得美味迷人。這就像是在健行的路上，即使是穿著

髒舊的運動鞋，都比黑色緞面的鑲鑽高跟鞋要來得適切得宜。

## 10 冒險精神

＊葡萄酒的種類繁多複雜，為了安全考量，許多人會透過酒評家的評價來選擇葡萄酒。就像由導遊帶領的團隊旅行，確實可以免除許多選擇的疑慮，也有更多的安全保障，但是卻也減少了讓葡萄酒直接和自己的感官對談的機會，更失去了探險的樂趣。就像在旅行中出現的迷路與插曲，那些意外的驚喜與發現往往是最讓人難忘的回憶。

開瓶 : 裕森的葡萄酒飲記 / 林裕森著. -- 二版. -- 臺北市 : 積木文化出版 : 英屬蓋曼群島商家庭傳媒股份有限公司城邦分公司發行, 2021.11　面 ;　公分. -- (飲饌風流)　ISBN 978-986-459-350-7(平裝)　1. 葡萄酒
463.814
110014740

飲饌風流 15

# 開瓶——裕森的葡萄酒飲記（經典修訂版）

作　　者／林裕森

總 編 輯／王秀婷
主　　編／洪淑暖
版　　權／徐昉驊
行銷業務／黃明雪、林佳穎

發 行 人／凃玉雲
出　　版／積木文化
104台北市民生東路二段141號5樓
官方部落格：http://cubepress.com.tw/
電話：(02) 2500-7696　傳真：(02) 2500-1953
讀者服務信箱：service_cube@hmg.com.tw
發　　行／英屬蓋曼群島商家庭傳媒股份有限公司城邦分公司
台北市民生東路二段141號11樓
讀者服務專線：(02)25007718-9　24小時傳真專線：(02)25001990-1
服務時間：週一至週五上午09:30-12:00、下午13:30-17:00
郵撥：19863813　戶名：書虫股份有限公司
網站：城邦讀書花園　網址：www.cite.com.tw
香港發行所／城邦（香港）出版集團有限公司
香港灣仔駱克道193號東超商業中心1樓
電話：852-25086231　傳真：852-25789337
電子信箱：hkcite@biznetvigator.com
馬新發行所／城邦（馬新）出版集團
Cite (M) Sdn Bhd
41, Jalan Radin Anum, Bandar Baru Sri Petaling,
57000 Kuala Lumpur, Malaysia.
電話：603-90578822　傳真：603-90576622
電子信箱：cite@cite.com.my

美術設計／楊啟巽工作室
製版印刷／上晴彩色印刷製版有限公司

【印刷版】
2007年4月2日 初版一刷
2021年12月2日 二版一刷
售價／520元
ISBN 978-986-459-350-7
【電子版】
2021年12月
ISBN 978-986-459-352-1（EPUB）

CUBE PRESS Online Catalogue
積木文化・書目網

cubepress.com.tw/books

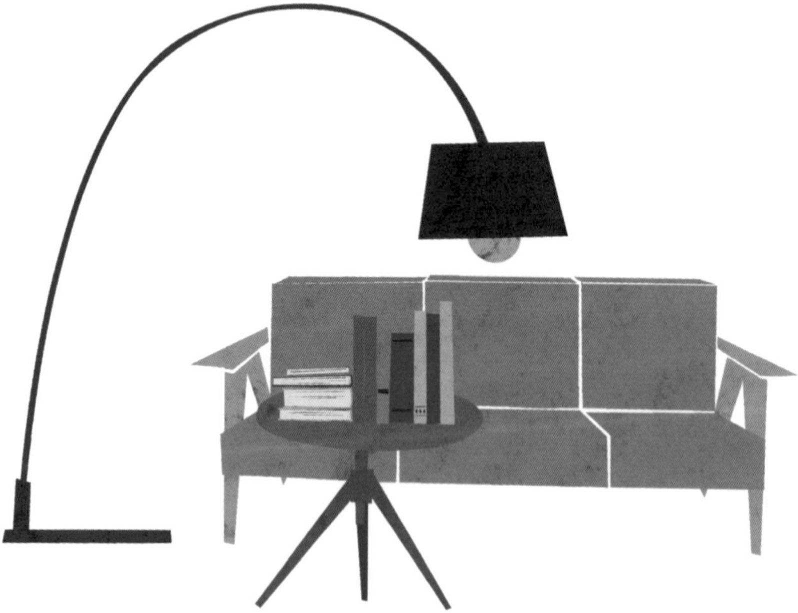

LIGHT HANDS art school 遊藝館 五感生活 飲饌風流 食之華 五味坊 漫繪系 deSIGN+ wel/ness